くらべてみると
面白いほどよくわかる！

【図解】相対性理論と量子論

Relativity and
Quantum Theory

矢沢サイエンスオフィス 編著

ONE PUBLISHING

はじめに

へんてこで常識に反する大理論

本書の目的はただひとつ、それもかなり単純なものです。その目的とは、きわめて難解と思われている2つの科学理論（物理学の理論）を、読者と2人の筆者が平文、すなわちただの日常語でどこまで表現したり理解したりできるか試みてみようとすることです。

いま読者に「もっともむずかしい科学の理論は何だと思う？」と問うと、たいてい「それって相対性理論じゃないの？」とか「量子力学とかいうやつでしょ？」という〝疑問形の答え〟が返ってくるのではないでしょうか？　問いに対する答えが疑問形というのは、本当にそうかどうかわからないけどという意味合いでしょうか。

相対性理論が誕生したいまから100年ほど前、新聞記者に「この理論を理解できるのは世界で3人だけだそうですね？」と問われたイギリスの物理学者で天文学者のアーサー・エディントン卿は、「アインシュタインと私と、それに3人目はだれかね？」と答えたといいます。

この小さなエピソードがあまりにも有名なのは、そこに相対性理論の難解さが象徴されているからでしょう。エディントンがどのように、文字通り一夜にして相対性理論とアインシュタインに世界的名声をもたらしたかは、本文中に記してあります。

物理学の理論の目的は、私たちが生きている自然界とそれを含む宇宙のすべてを科学的に説明しようとすることです。その意味では、だれの脳裏にもすぐに浮かぶのがニュートンの理論です。しかしアイザック・ニュートンは17～18世紀に活躍した大科学者（当時は〝自然哲学者〟）です。19世紀末～20世紀はじめ頃になると、ニュートンの理論では説明できないさまざまな現象が次々と発見されました。そこで、新たに発見された現象や出来事をもすべて支配しているルールを説明するまったく新しい理論が必要になったのです。

そして当時のあまたな科学者たちの新発見や新研究が積み重なっていた頃、偶然か必然か、ドイツ南部ウルム市のセールスマンで電気技師でもあったヘルマン・アインシュタインに男子が誕生しました。後に相対性理論を生み出すことになるアルベルト・アインシュタインです。

しかしこうして相対性理論が生み出された時期、すでにこの理論では説明できない自然界の姿を凝視している別の科学者たちが存在していました。彼らは目に見えないミクロの世界について考え続けていたのです。そして、アインシュタインとは真逆の方向から別の、やはり難解な――こちらのほうがより難解かもしれません――奇妙な理論を構築しはじめました。「量子論（量子力学）」です。

ニュートンの理論とアインシュタインの理論、そして量子論がどれもこの世界を支配する基本ルールを予言したとすると、そこにはただちに疑問が生じます。どの理論にもそれぞれ〝得意技〟があり、同時に〝不得意な技〟もあるのはなぜかという問題です。もし完全な理論なら、それだけでこの世界と宇宙を１００％説明するはずなのに、そうではないんですから。どれも不完全なのです。

　そこで、それぞれの理論が何を得手とし何を不得手とするかを、筆者の大雑把な解釈によって図解してみました（下図）。この図から、それぞれの理論の守備範囲と、他の理論と整合ないし〝衝突〟する部分を脳裏に入れてもらい、その上で本文を読んでいただくと、難解かつ奇々怪々とされる大理論の姿が、漠としてであれ読者の脳内に浮かび上がってくると思います。

　これらの理論は論文という形で発表され、それらの原論文はまったき数学的手法とドイツ語ないし

英語で書かれています（世界中の言語に翻訳されているものの、どの訳文にも大小の誤訳が入り込んでいるとされています）。そのため、数学と英語とドイツ語を相当にものにしている人以外、正確には何を言っているのか見当もつきません。

アメリカの超高名な物理学者で〝水爆の父〟と呼ばれるエドワード・テラー（筆者は昔、地中海のシチリア島の会議場でちょっと会ったことがあります）は、「これらの理論は少しも複雑ではなく簡単に説明できる。単にへんてこで常識に反するだけだ」と述べています。読者も彼のこの言葉に励まされるのではないでしょうか。

ともあれ、地球上の99％以上の人々の現実生活にとり、これらの理論が用いる数学は何の役にも立ちません。本書は、とりわけ重要そうな2、3の数式を単に装飾目的で載せている以外、すべて平易な日本語で記そうと四苦八苦しています。この手法が多少とも読者の同意を得られるなら、2人の筆者はそのときはじめてホッと一息つけることになります。

2018年春　矢沢　潔

Paradigms in Physics
物質世界の3つの見方

これは、本書に登場する3つの理論が扱う領域を示している。それぞれ一部で重なりあっているが、ただひとつの統一的な理論には程遠い。相対性理論と量子力学の間に横たわる深い“無知の割れ目”を埋めることが物理学者に課せられた課題である。　Ⓒ矢沢サイエンスオフィス

シュレーディンガー
パウリ
ハイゼンベルク
コンプトン
ド・ブロイ
ボルン
ボーア
アインシュタイン

Historic Photograph

量子論に白熱した科学者たち

1927年にベルギーのブリュッセルで開かれた第5回ソルヴェイ会議の出席者たち。この会議では、本書の主要テーマのひとつである量子力学の「コペンハーゲン解釈（確率解釈）」をめぐって物理学上の歴史的な議論が行われた。アインシュタイン、キュリー夫人、シュレーディンガー、ボーアなど当時を代表する世界の物理学者たちが居並んでいる。

写真：AIP Niels Bohr Library／矢沢サイエンスオフィス

目次

くらべてみると面白いほどよくわかる！
【図解】相対性理論と量子論

CONTENTS ＊ Relativity and Quantum Theory

第2章 だれでもわかる量子論のABC

第3章 相対性理論と量子論の〝対立〟

エピローグ 相対性理論と量子論は〝統一〟できるか？

プロローグ
ニュートン理論の“完全”と“不完全”

図：十里木トラリ

宇宙の中心から〝転落〟した地球と人間

天動説から地動説、そして〝無限の宇宙〟へ

見かけと事実はかけ離れている

太陽は昨日も今日も、天空を東から昇り、西へと沈む。漆黒の夜空にまたたく無数の星々もまた、東から西へとゆっくりうつろいでいく。いにしえの人々はその様子を見て、己(おのれ)の生きる地球はまさに**宇宙の中心**だと考えた。

太陽も星々も地球のまわりをめぐっている――宇宙の無辺の広大さも太陽のとほうもない大きさも知らないなら、人間にとってこれは自然な見方であろう。地球上で他の動植物を狩って食し、育てることによって生きてきた人間が、自身を地球の支配者と錯覚し、あらゆる物事の中心に自らをおいても不思議ではない。古代ギリシアの哲学者**アリストテレス**（**図1**）さえ、太陽は地球のまわりを回っていると考えたのである（**図2**）。

だが、物事の見かけと事実の間にはつねに大いなる隔たりが存在する。16世紀の天文学者**ニコラウス・コペルニクス**（14ページ**図3**）は、天空の中で他の星々とは異なる動きをする天体に注目した。これらは天空の中でうろつき、〝惑(まど)っている〟ように見えたため、すでに「**惑星（プラネット）**」と呼ばれていた。古代ギリシア語の〝プラネタイ（惑う）〟がプラネットの語源である。

当時の天文学者も、火星や金星、木星などの惑星が背景の星々とはまるで異なる動きをしており、決して〝天球に貼りついてはいない〟ことを知っていた。彼らはこ

天動説から地動説、そして“無限の宇宙”へ

図1 ⬅師プラトンと議論するアリストテレス（右）。時空、物質の起源等を論じ、その思想は後の科学に大きな影響を与えた。

⬇アリストテレスも地球は宇宙の中心にあると考えていた。

図2 アリストテレスの宇宙

れらの惑星の軌道を調べた上で、**惑星も太陽と同じく地球のまわりを回っている**、と結論づけた。

だがコペルニクスはこれには納得しなかった。望遠鏡の登場で天体観測が精緻になるにつれ、地球をめぐっているはずの惑星の動きがあまりにも複雑であることがわかってきたからだ。そこでコペルニクスはそれまでの見方を一変させた。**地球は宇宙の中心などではない**。太陽が地球をめぐるように見えるのは、単に地球が自転しているからではないのか？ おそらく**地球は、他の惑星とともに太陽のまわりをゆっくり回っている**のだ――彼がこう考えて惑星や地球の軌道を計算すると、それらは観測によく合致した。しかもそこからは、単純明快な宇宙の姿が導き出されたのだ。

だが、中世ヨーロッパは、宗教（カトリック教会）の精神支配が絶対的な時代であった。そこでは、創造主である全能の神が、自身の〝似姿〟として人間を生み出したとされていた。あらゆる学問もまた宗教的色合いに塗りかためられ、天文学とはすなわち〝創造主がつくり出した調和のとれた宇宙〟の研究とされていた。

コペルニクスの伯父は教会の司教であり、さらに彼自身も教会の仕事を手伝う信仰者であった——表向きは。そのため、地球が自転しているとする自らの「**地動説**」が教会の怒りに触れることをおそれていた。彼は自説を『**天球の回転について**』と題する本にまとめたものの、それを自分の死後に公表するよう取り計らったほどだ（実際には死の直前に発行された）。

コペルニクスのこの判断はおそらく正しかった。彼より後にやはり地動説を主張した**ガリレオ・ガリレイ**は宗教裁判で有罪となり、以後の生涯を監視つきの館に閉じ込められて、散歩のほか屋外に出ることも許されなかったからである。

〝無限の宇宙〟＝火あぶりの刑

コペルニクスの地動説はたしかに、地球と太陽、それに惑星の見方の革命ではあった。だがそれは、宇宙の中心を地球から太陽に置き換えただけともいえた。依然として人間を中心とした宇宙であることに変わりはなかったのだ。

だが、16世紀の哲学者・神学者**ジョルダーノ・ブルーノ**の見方はまったく違った。ブルーノはイタリアで生まれ、アリストテレスなどの古代ギリシアの哲学者の自然科学に触れ、〝異端〟の書物を読みあさり、ドイツ、フランス、イギリスに渡り、科学者や哲学者と語り合った。

コペルニクスの地動説を知った彼は、地球が惑星のひとつであるなら、**太陽もまた星々（恒星）のひとつ**ではないかと考えた。ブルーノは、**宇宙は無限**であり、夜空の星々のひとつひとつが太陽のように輝いていると推測したのだ。「宇宙には、アリストテレスが言うような絶対的な上下などは存在しない」とブルーノは書いた。**宇宙には〝特別な場所〟などなく**、「神は宇宙を平等に創りたもう」と述べた。そして神は、**普遍的で広大無辺の宇宙**を生み出したと説いたのだ。

この見方は後世の、宇宙は無限かつ一様であるとする

図3 ⬆コペルニクスは1514年頃から『天球の回転について』をまとめはじめた。

図4 ⬅太陽も無数の星々のひとつと主張したジョルダーノ・ブルーノは、異端者として火刑に処せられた。
作図：十里木トラリ

「**宇宙原理**」や、宇宙のどこでも物理法則は同じとする「**相対性原理**」に通ずるところがある。

だが彼はこの見方のゆえに、ローマでついに宗教裁判にかけられることになる。ブルーノは、地球どころか、輝ける太陽でさえ無数の星々のひとつにすぎず、まったく特別ではないと言ってのけたのだから当然であった。しかもブルーノは若い頃からカトリック教会によって追放され、**異端審問**に呼び出されそうになると幾度も遠方に逃げ、さらに殺人の罪で誤って訴えられたこともあるいわば〝札付き〟でもあった。彼はとほうもなく長い名前を名乗っており、彼に会ったイギリスの有名な司教は後に、「その名前は小柄な彼の体より長かった」と書き残している。

ブルーノの審問は7年に及び、1600年、ついに有罪が宣告された。彼は審問官ベラルミーノにむかって「(死刑を) 宣告するあなたの恐れの方が宣告される私のそれより大きいだろう」と言い放ち、従容として判決を受け入れた。

ちなみに逮捕の少し前、ブルーノはパドヴァ大学の数学教授の職を求めていたがうまくいかず、代わりに数学教授に収まったのはガリレイだった。同じく宗教裁判にかけられたガリレイはブルーノの例にはならわず、うわべだけでも天動説を認めて処刑を逃れた。

ブルーノは太陽が特別な天体ではないことを見抜き、また宇宙の広大さを確信したものの、それを裏付ける証拠を示せるだけの科学的素養に欠けていた。そのため、異端審問官たちに自らの宇宙観を理解させることができなかった。こうしてブルーノの刑は確定し、ローマ市民が大群集をなす広場の真ん中ではりつけにされ、その肉体を火炎に焼かれて刑死したのであった（**図4**）。

地球が〝特別ではない〟ことが真に科学的手法で明らかになったのは、ブルーノの死から半世紀ほど後、**アイザック・ニュートン**によってである。■

プロローグ◎ニュートン理論の〝完全〟と〝不完全〟

2 惑星も地上の物体も支配するニュートンの法則

〝落ちる月〟から生まれた「万有引力」

「家ごと燃やしてやる」

1642年のクリスマスの深夜、**アイザック・ニュートン**（**図5右**）は未熟児として生まれた。同姓同名の父親はその3カ月前に死んでいた。

少年になったニュートンは少々ひねくれていた。誕生前に父を失い、まだ3歳のときに母親が彼を祖母にあずけて同じ村の牧師と再婚して家を出ていったとすれば、ひねくれる以外どうすればよいのか。

学校の教師たちは、ニュートンは勉強ができないわけではないが内向的で向上心がなく、怠け癖があると評した。同居していた祖母は彼に無関心だったため、彼は孤独で、母と義父を憎んだ。19歳のときにつづった懺悔（さんげ）のリストには、「（彼らを）**家ごと燃やしてやると脅した**」という記述も見える。ちなみにニュートンの誕生日は**ガリレオ・ガリレイ**が死んだ1642年の年末だが、現在のグリゴリオ歴では翌年1月4日にあたる。

転機は母の再婚相手が死んだ後の1660年に訪れた。母は彼を呼び寄せて財産管理を手伝わせていたが、叔父がニュートンを大学に行かせるよう彼女を説得したのだ。だが母は裕福だったにもかかわらず十分な仕送りをせず、ニュートンはケンブリッジ大学に、授業料免除の代わりにさまざまな雑用をする給費生として入学した。

経済的には苦しかったが、彼はそれまでとは一転して

“落ちる月”から生まれた「万有引力」

図5 ⬆➡ニュートン（右）は月が地球に落下しないのは、月と地球が引きつけ合う力（万有引力）と、月が地球を周回するときの遠心力が釣り合うためと考えた。　右図：A Temple of Worthies

真剣に学びはじめた。古代ギリシア哲学からユークリッド幾何学、コペルニクスの地動説、ヨハネス・ケプラーの惑星の軌道の法則など幅広い分野に目をむけた。後に彼は「（古代ギリシアの哲学者）プラトンもアリストテレスもわが友。だが**最大の友は真実なり**」と書いている。

学位取得後の1665年夏、ニュートンは大学に残って学業を続けようとしていたが、このころロンドンで**ペスト（黒死病）**が大流行し——黒死病の大流行は数百年の間に何度もロンドンを襲った——人々が次々に倒れて死んでいった。学校は閉鎖され、さらに翌年には**ロンドンが大火に襲われ**て市街は焼け野原となった。

月はなぜ地上に落ちてこないのか？

ニュートンはロンドンから故郷ウールズソープの実家に逃れ、そこで手にした十分な時間を使って、数学や光学、力学などの研究に没頭した。あるとき彼は実家の果樹園でリンゴが落ちる様子を見て、**万有引力の理論**を思いついたという。そして疑問を抱いた——リンゴは地上に落ちるのに「**なぜ月は落ちてこないのか**」と。

枯葉は木の枝から舞い落ちる。投げ上げたボールは落下する。人がジャンプすればすぐに地上に落ちる。地球上のすべての物体は見えない何かで地球に結びつけられているかのようだ（ガリレイはこれを「**落下の法則**」として定式化した。18ページ**図6**）。

ではなぜ、地球をめぐる月は地上に落下しないのか？

ニュートンは、月が地球のまわり（周回軌道）を回っ

図6 ⬆ガリレオが落下実験を行ったと伝えられるピサの斜塔。
写真：Saffron Blaze

ていることを知っていた。とすれば、月には**遠心力**がはたらいているはずである。にもかかわらず月がその軌道から外へとびださないのは、この**遠心力と地球が月を引きつける力が釣り合っている**ためであろう（**図5**）——

そこで彼は、石をひもでゆわえて振り子をつくり、石にはたらく遠心力とひもの長さ、それに振り子の周期の関係を調べた。するとそれは、地球と月との関係とまったく同じだったのである。

こうしてニュートンは、地球と月の間には〝引きつけ合う力〟がはたらいていること、またその**力は月と地球との距離の2乗に反比例する**ことを発見した（＝**逆2乗の法則**）。その力は、地球の質量だけでなく月の質量にも比例していた。つまり地球が月を引きつけるだけでなく、月も地球を引きつけている。さらに重要なことは、この同じ関係が**あらゆる物体にあてはまる**ということであった。

すでに天文学者**ヨハネス・ケプラー**は17世紀はじめ、火星や金星などの惑星が太陽のまわりをどんな法則で周回しているかを明らかにしていた（**図7**）。だがなぜそれらの法則が成り立つのか明らかではなかった。これに対してニュートンは、惑星と太陽との間にはたらく〝引力〟によってこの法則を説明した。そして彼はこの力を「**万有引力**」と呼んだ。万有は英語の〝ユニバーサル〟、引力は〝グラヴィテーション〟の訳だ。

天空の惑星も、地上の物体もすべてに万有引力がはたらいている。この宇宙は無限に広がり、そこに存在する

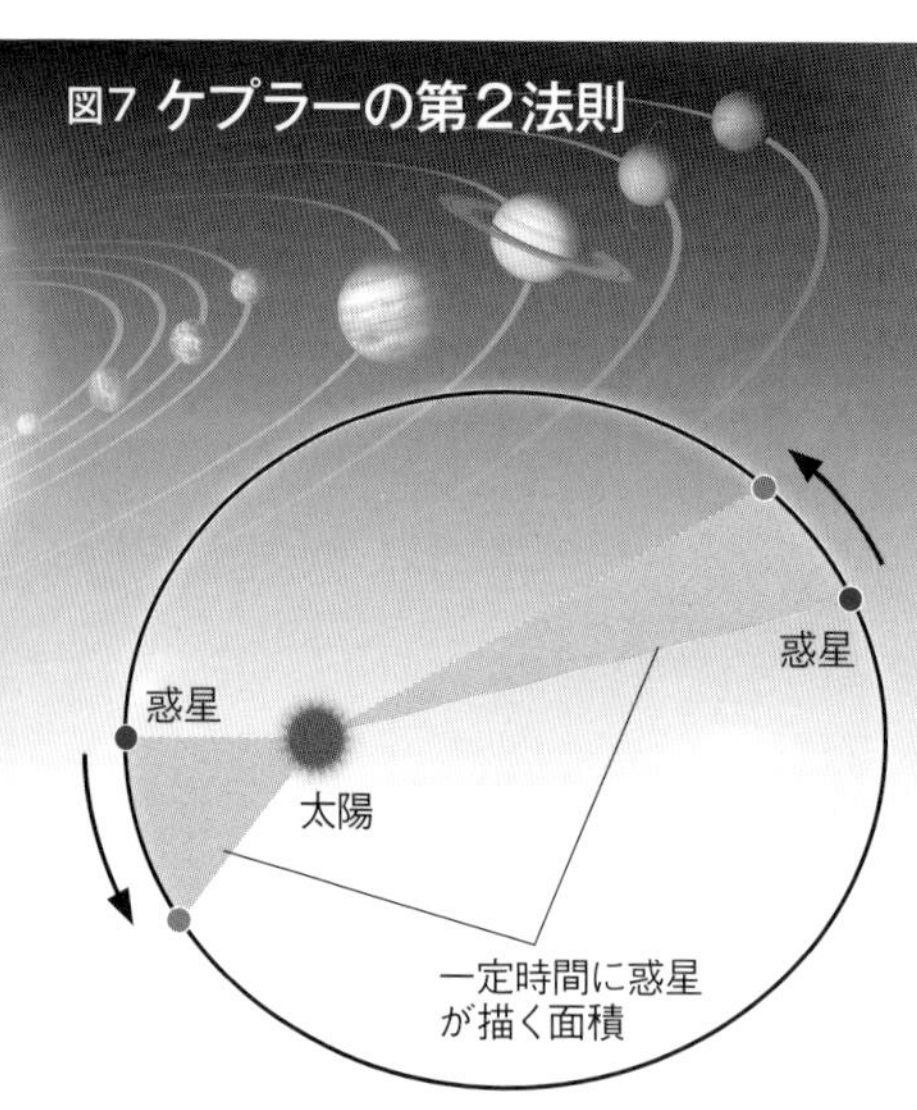

⬆ケプラーは惑星の公転軌道が楕円であり、図のように扇形の面積は一定時間ではつねに同じになるなど惑星運動に関する３つの法則を見いだした。
上図：NASA/JPL

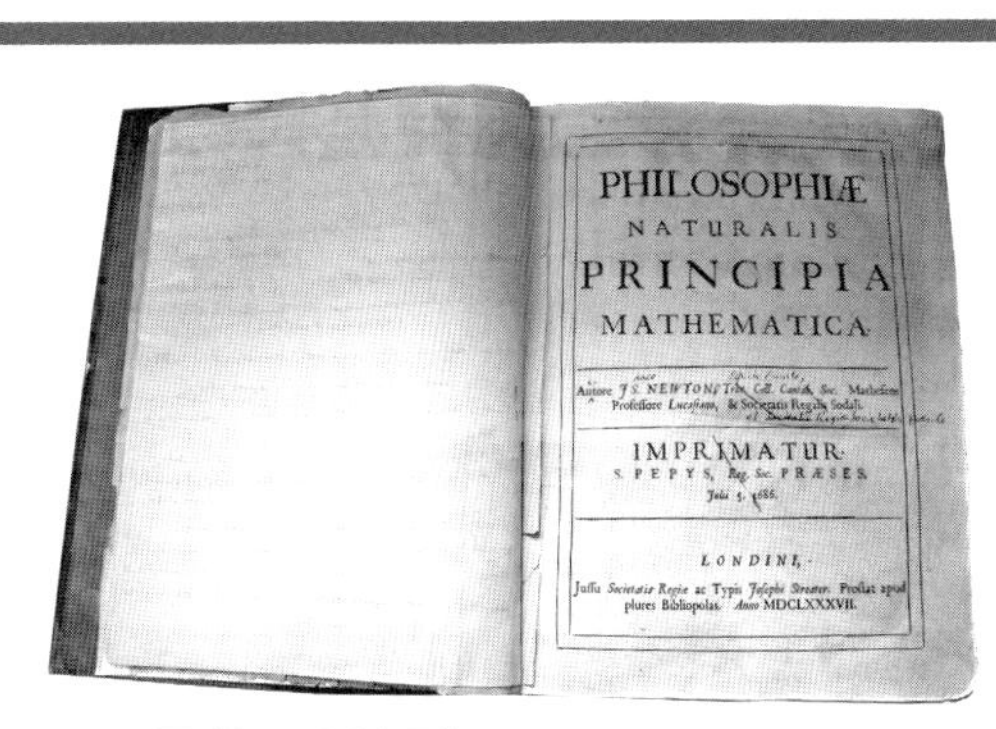

図8 ⬅運動の３法則と万有引力の法則をまとめた『プリンキピア』。神の意思や錬金術に関する記述も多い。 写真：Andrew Dunn

図9 **運動の3法則**

第１の法則（慣性の法則）

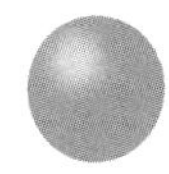

⬆すべての物体は、外からの力を受けないかぎり、静止するか等速運動を続ける。

第２の法則（運動の法則）

⬅物体が力を受けると、物体はその力と同じ方向に力の大きさに比例して加速される。

第３の法則（作用・反作用の法則）

⬇物体Ａが物体Ｂから力を受けるとき（作用）、物体Ｂも物体Ａから同じ大きさの力を受ける（反作用）。

作用する力

物体Ａ

物体Ｂ

すべての天体は、**宇宙を統べる普遍的法則に従っている**――ニュートンはこう考えた。さらに彼は、万有引力の法則に加えて、あらゆる物体の運動にどんな法則性があるか、力を加えると物体はどれだけ速く運動するかなどの「**運動の3法則**」（図9）を考え出した。

『プリンキピア』誕生す

ニュートンは1667年大学に戻り、まもなくその卓越した数学的才能を認められて、弱冠27歳で2代目のルーカス教授職についた。この教授職は国王に承認されたきわめて名誉ある地位である（近年では相対性理論の研究で知られ、「ブラックホールの特異点定理」を提出したスティーブン・ホーキングが就任している）。しかしニュートンは、万有引力の法則や運動の3法則をすぐには発表しなかった。

1684年、**ハレー彗星**の発見者**エドモンド・ハレー**は、「**バネの法則**」を発見した

ことで知られる**ロバート・フック**の理論に出合った。フックはそこで「惑星の運動は引力と関係し、引力は距離の逆2乗に比例する」と主張していた。すでに明らかなように、これはニュートンが密かに築いていた理論とまったく同じものだった。

ハレーがその後この問題についてニュートンに意見を求めると、ニュートンはただちに、万有引力によって惑星の軌道が楕円になることや運動の3法則などについて明快に解説したという。そこでハレーはニュートンに、その力学的法則を書物にまとめるよう強く要請した。

こうして1683年にニュートンが書き上げた『**プリンキピア**』(原題はラテン語で〝フィロソフィアエ・ナチユラリス・プリンキピア・マテマティカ〟＝自然哲学の数学的諸原理)』(**図8**)は以後、古典力学の原典となった。

ニュートンの力学は、惑星のような天体も地球上のあらゆる物体も同一の法則に支配されていることを示していた。宇宙のどこであれ**普遍的な同一の法則**がはたらくというのだ。こうして力学ははじめて**ひとつの統一された物理学**、つまり今日「**ニュートン力学**」と呼ばれるものとして姿を現したのである。■

COLUMN

2つの先見争い

ロバート・フックは創意工夫に富む“実験屋”だった。彼は顕微鏡で生物を観察し、植物が小さな“部屋”の集合体であることを発見、これを「**細胞(cell)**」と名付けた。ほかにも燃焼や振動、光学の実験などを手がけていた。

あるとき彼は惑星を観測し、そこに引力がはたらいていること、また**引力が距離の逆2乗に比例する**ことに気づき、そのことを**ニュートン**に書き送った。ニュートンは返信で地球上の物体の落下運動について書いたが、小さな誤りを犯し、フックがそれを正した。しかしフックにも勘違いがあり、ニュートンはここぞとばかり反撃した。

ニュートンが『**プリンキピア**』を発表すると、フックは自分が先に逆2乗の法則を発見したと主張(実際フックが先に公表した)、ニュートンは自分はそれ以前に万有引力の法則を見いだして定式化したと応戦した。彼らは「ニュートンは私利私欲のためなら何でもする」、「フックは論争を好む生意気な女のよう」と罵りあった。

微積分の発見でも同様の争いが起こった。ニュートンは万有引力を定式化する過程で微積分の手法を発見したと主張したが、ドイツの**ゴットフリート・ライプニッツ**はニュートンが『プリンキピア』を出版する前に微積分法について発表した。そこで2人の支持者たちは、相手がアイディアを盗んだと激しくやりあったのだった。

ニュートン力学の大前提
〝絶対空間〟は無限大、〝絶対時間〟に始まりも終わりもない

人類が絶滅しても空間は残る

われわれはふだん、〝**空間の存在**〟は自分たちとは関係がないと感じている。人類が絶滅しても、地球が太陽にのみこまれて蒸発したとしても、空間は空間のまま存在しつづける——これは日常生活でのわれわれのいわば肌感覚である。

巨大な台風や大地震に見舞われたり火山が大噴火した後でも、われわれは空間が変化したと感じることはまったくない。このように、**人間や物質の生成や消滅とかかわりなく厳然と存在しつづける空間を「絶対空間」**と呼ぶ。

時間も同じである。

少なくともわれわれの日常的あるいは感覚的な経験では、時間は人間の行動や思考からは何の影響も受けず、さらにいえば、**地球や太陽が存在しようがしまいが時間は刻々と進み、旧式の時計のように巻き戻すことも止めることもできない。**このような

太陽系

銀河系

図10 ➡地球が太陽を公転し、太陽が銀河系の円盤内を公転しているとすれば、“絶対的な視点”をどこに求めればよいのか？　図：NASA（一部改変）

在りようをもつ時間は「**絶対時間**」である。

こうした人間の肌感覚を物理学の理論として位置づけたのが、万有引力や運動の3法則（19ページ参照）を構築したイギリスの**アイザック・ニュートン**であった。17〜18世紀に活躍したニュートンは、**時間や空間は〝一様〟かつ〝対称〟**であると考えた（**図12**）。一様とは時間や空間のどこをとってもその性質は変化しないことを、また対称とはどの方向も同等であることを意味する。

こうした性質には実際にはいくつかの例外が存在している。★1 しかしこれは、自然界の事象を考えるときに物理学者が〝基本的前提〟として好む見方であり概念である。

自然法則は宇宙のどこでもいつの時点でも不変かつ普遍のはずである。場所や時間によって法則が異なっていたのでは、物事の本質を理解することはできない。だがそうであるためには、宇宙は〝一様〟で〝対称〟でなくてはならない。つまり絶対時間と絶対空間という見方は、ニュートンにとって自ら築いた理論の前提であり要請でもあったのである。

絶対空間は無限に広がる

われわれ人間界が用いている時間——1日や1年——は、地球の自転運動や公転運動の周期をもとに便宜的に決めたものである。だがニュートンは、地球などの天体が示す物理的現象は一定ではなく、わずかずつ変化することを知っていた。

とすれば、地上の事物だけでなく、こうした天体の運動をも正確に知る——科学の世界では〝記述する〟という——には、**物体の存在とは無関係の決して揺らぐことのない〝絶対的な視点〟**が必要になる。それがニュートンにとっての絶対時間であり絶対空間であった。

絶対空間は無限に広がるはずである。地球上の物体も天空の惑星も同一の法則で動くのなら、地上の小さな空間も

★1　自然界は完全には対称ではなく、たとえば電子とその対（つい）となる陽電子（プラスの電気をもつ）の数は同じではなく、圧倒的に電子が多い。また自然界の基本的な力のひとつ「弱い力」も、わずかに対称性を破ることが知られている。

★2　ゴットフリート・ライプニッツ（1646〜1716年）
ドイツの哲学者・数学者。早熟の天才で、20歳で『結合法論』を書いて普遍学の基礎をつくった。自然科学、社会科学、人文学などに通じ、外交官、技師でもあった。1684年に発表した新発見の微分計算は、ニュートンとの先取権論争の引き金となった。『形而上学叙説』『モナドロジー』『弁神論』などの書著があるが、最後は失意と不幸のうちに死んだ。

図11

図12 ニュートンの宇宙

⬅ニュートンは宇宙空間はどこも均一で、どこまでも無限に広がっていると考えていた（図は宇宙の一部のみ表現）。

図：細江道義

天空の果てしない空間も同じ性質をもっていなければならない。とすれば空間には境界はないことになる。境界があるなら空間の性質に違いが生じてしまうからだ。こうした論法からは必然的に「**空間はどこまでも無限に広がる**」という結論が導かれる。時間についても同様である。時間に始まりと終わりがあるなら、時間は〝一様に流れるもの〟ではなくなってしまう。

こうした絶対時間や絶対空間という見方は、その後18～19世紀に近代物理学が発展する過程で、当然のものとして受け入れられた。

もっとも、ニュートンが生きた17世紀には、絶対時間や絶対空間という見方はそれほど一般的ではなかった。たとえば彼の数学上のライバルであったドイツの哲学者・数学者**ゴットフリート・ライプニッツ**★2（ニュートンとの間で微積分の歴史に起こる先権争いを展開した。20ページコラム、**図11**）は、実体の存在しない〝からっぽの空間〟はあり得ず、物体が何らかの**運動をすることによってはじめてそこに時間が流れる**と見ていた。

無限の広がりは証明できない

だが、絶対時間と絶対空間が科学者たちの〝対称性〟や〝一様性〟を好む概念と一致しても、そのこと自体は「絶対時間や絶対空間が存在し、それらが無限にどこまでも広がる」ことの証拠にはならない。科学の世界ではよく「仮説や仮定は、それを検証できるときにはじめて理論となる」と言われる。たしかに仮説を裏付ける証拠や、少なくとも検証する手法が存在しなければ、それはまともな理論にはなり難い。

だが、絶対空間や絶対時間の存在や、それらの無限の広がりを検証しようとすると、とたんに困難が生じる。空間の果てなど探しようもない。ＮＡＳＡの惑星探査機**ボイジャー1号**は2013年に太陽系からとびだしたとされるが、出発からそれまでに35年の月日を要した。たとえ宇宙空間を光速で進む探査船があったとしても、人類に可能な探査範囲はおそろしく狭い。何といっても銀河系の隣のアンドロメダ銀河までさえ光速で230万年かかる。はるか遠くの銀河までとなると何億年、何十億年の距離がある。

しかし、空間の広がりの実証は困難でも、絶対空間を証明する方法はあるかもしれない。ニュートンはそのための「**バケツの思考実験**」（図13）を思いついた。縄で天井からつるしたバケツに水を入れておく。そしてそこで縄を強くねじってから手を離すと、バケツはねじった方向と逆方向に勢いよく回転する。すると中の水はしだいに中央がくぼみ、周縁部は遠心力によって盛りあがる。水はバケツに対して運動していないにもかかわらず、遠心力を受けるのだ。これは絶対空間に対して水が運動するために起こる現象だ——ニュートンはこのように論じた。

だが19世紀になると、オーストリアの物理学者**エルンスト・マッハ**がこの思考実験の問題点を指摘した。彼は、人間の感覚に合い、一見矛盾がないとしても、それを簡単に信じ込むべきではないと批判している。

ニュートンの提起した絶対空間や絶対時間は結局、20世紀はじめに登場した**アインシュタインの相対性理論**によって完全に否定されることになる。だがそれでもなおわれわれは、絶対空間や絶対時間の存在に魅了されずにはいられない。■

図13 バケツの思考実験

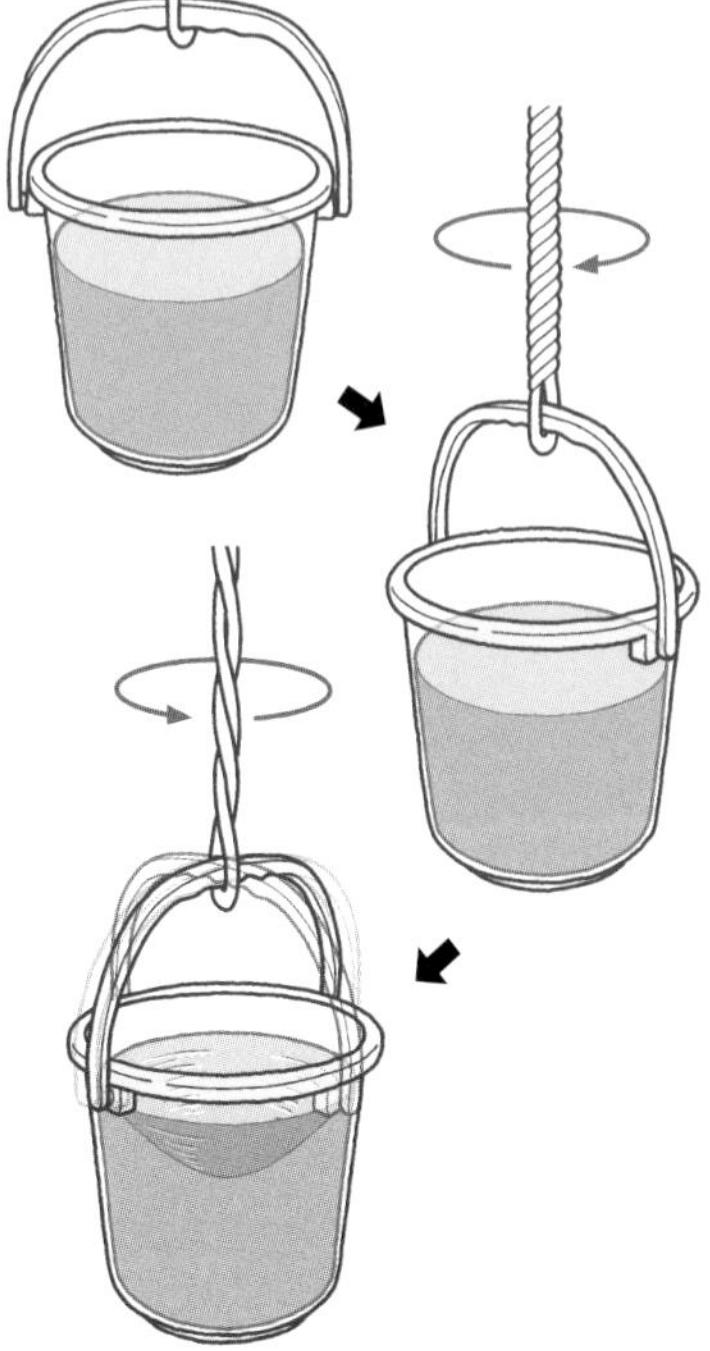

⬆ニュートンは回転するバケツの内部で水が遠心力を受けるのは"絶対空間"が存在するためと考えた。これに対しマッハは、これは単に地球（さらには全宇宙の物質）に対してバケツの回転が引き起こした遠心力であり、すべての運動は相対的と主張した。

作図：細江道義

第1章 アインシュタインの相対性理論、登場す

図：矢沢サイエンスオフィス

相対性理論誕生の序曲
なぜアインシュタインだったのか？

1

光は**毎秒30万km**で進む。そこでもし読者が光の速度（光速）で宇宙空間を進んだら、すぐ近くを読者と同じ方向に進んでいる光はどのように見えるだろうか？　このような疑問を最初に真剣に考察したのはおそらく、本題の主人公**アルバート（アルベルト）・アインシュタイン**（図1-1）である。1896年、彼が学んでいたスイス、チューリッヒ連邦工科大学でのことだ。

19世紀の科学者には、そもそも光の速度がどんな場合でも同じかどうか確かなことはわからなかった。この時代には、たとえば音が空気という物質（＝媒質、媒体）の振動として伝わり、海の波が海水を媒体として伝わるように、光は宇宙空間を埋めている目に見えない〝**エーテル**〟と呼ばれる仮想的な媒体を伝わるのではないかと

光の速度についての最初の疑問

19世紀の末まで――少し正確に言えば20世紀初めまで――人間が理解していた物質的世界は、前章で見たニュートンの理論、つまり**ニュートン力学**と呼ばれるものに頼っていた。少なくとも人間にとって身近な世界を見るかぎり、それはニュートン力学によってほとんど理解し説明することができた。

だが19世紀半ば以降、この理論ではうまく説明できない自然界の、すなわち地球上と宇宙のさまざまな現象が物理学者たちの目にとまるようになった。たとえば**光の速度**、太陽のまわりを公転する惑星のわずかに**ひずんだ軌道**などだ。

図1-1 ⬅一般相対性理論の発表から20年あまり後の1937年、ニュージャージー州プリンストンの自宅アパートでバイオリン奏者ブロニスラフ・フーベルマンと話すアインシュタイン。
写真：PikiWiki Israel image collection

考えられていた。

とすると、たとえば太陽のまわりを公転している地球がエーテルの中を運動しているのなら、地球の運動と同じ方向に伝わる光の波は、地球の運動と直角方向に伝わる光の波よりいくらかゆっくり進むように見えるはずである（28ページ**図1-4**）。それは、2頭の馬が並んで走っているとき、一方の馬から見ると他方の馬はいくらか速く、ないしは遅く、またはほとんど停止しているように見える場合と同じである。

もっとも、太陽のまわりを1年間で1周（距離にして約9億5000万km）する**地球の運動速度は毎秒約30km**で、これは光速の1万分の1にすぎないのだから、地球の運動方向に平行に進む光と垂直に進む光の速度の差はまったく微々たるものではあるが。

地球が2cmつぶれる？

この速度を実験で測定したのが、アメリカの物理学者**アルバート・マイケルソン**と**エドワード・モーレイ**である。彼らは1879年、きわめて精度の高い実験を工夫し、地球の運動方向と平行および垂直に進む光の速度の差を測定した（**光干渉計。図1-2、3**）。

だが驚いたことに、これら2つの速度には明らかな差が見られなかった。その後彼らに続いて他の科学者たちも同じ目的でより厳密な実験を行ったが、いずれも有意な差は得られなかった。

　この実験結果が示した重大な意味に当時の科学界は強いショックを受けた。そしてこれを従来の見方で何とか説明しようと、たとえば「実験室の壁や装置がエーテルの風をさえぎっている」とか、有名なところでは「地球の重力がエーテルの海を引きずっている」等々の説明がなされたが、どれも荒唐無稽であった。

図1-2 ⬆1887年にオハイオ州クリーブランドの大学で行われたマイケルソン=モーレイによる光の干渉実験で使用された装置。水銀のプールに石版を浮かせ、その上に干渉計が設置されている。
写真：Case Western Reserve Univ.

図1-3 光干渉実験のイメージ

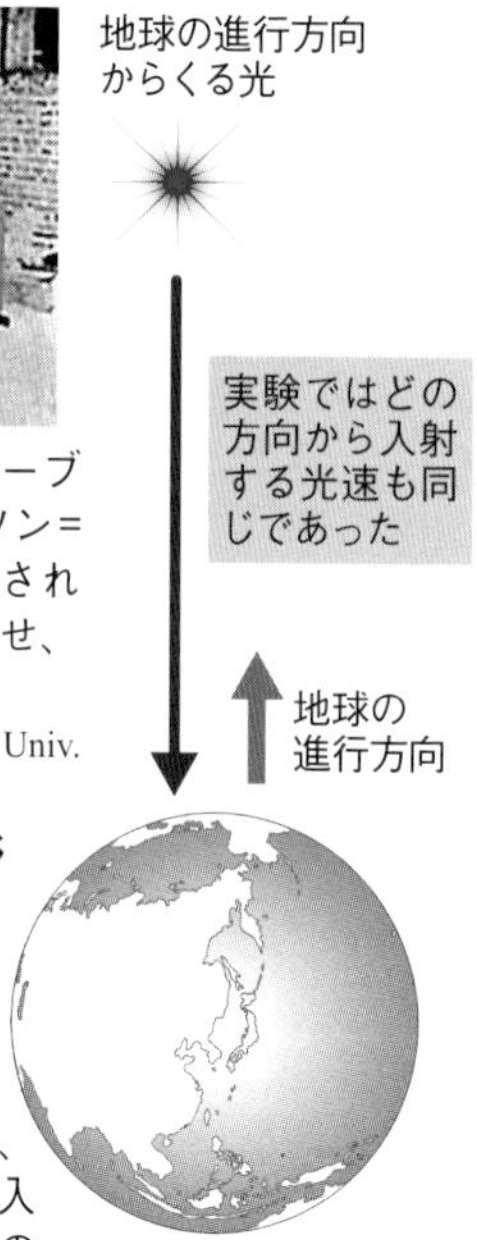

⬆マイケルソン=モーレイの実験は、地球の運動方向の違いによって光の入射速度が異なるかどうかを確かめるものだった。

　1889年にはイギリスのジョージ・フィッツジェラルドが「高速で動く物体は運動方向に収縮する」、つまり押しつぶされるという説を唱えた。ついでオランダのヘンドリク・ローレンツも同様の仮説を発表した。後に説明するように(32ページ)、どんな場合でも光速は一定と考えると、幾何学的な計算により物体は収縮すると考えるしかなくなる。

　実際、物体が5億分の1ほどつぶれるなら——直径1万2000㎞の地球の場合、2㎝ほどつぶれるなら——前記のマイケルソン=モーレイの実験結果も説明できた。しかしなぜそうなるのかとなると、だれもまともに説明することはできなかった。

　だがアインシュタインは後にこうした観測や電磁波の研究結果をもとに、この章で問題にする「相対性理論」を導き出すことになる。しかしそこに話を進める前に、次項で、マイケルソン=モーレイの実験以前に光について深く考察したマクスウェルにひととき寄り道しよう。■

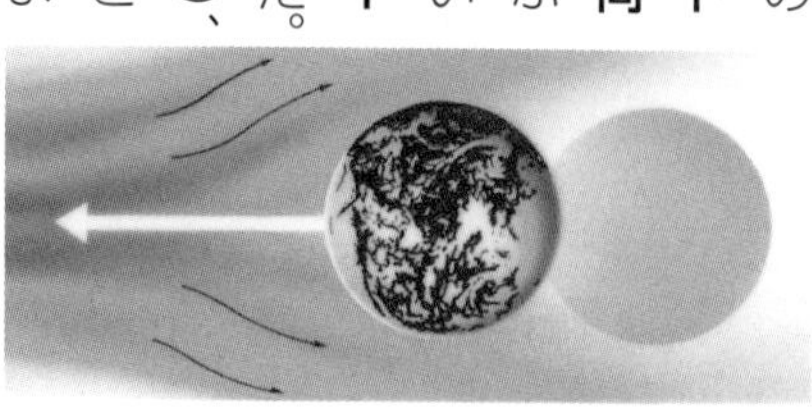

図1-4 ⬆それまで、地球は宇宙空間を満たしている“エーテル”の中を運動していると考えられていた。　図：矢沢サイエンスオフィス

寄り道コラム

アインシュタインを先導した電磁気学って何？

図1-5 ⬆相対性理論の先導役を務めたジェームズ・マクスウェル。写真：AIP/矢沢サイエンスオフィス

光すなわち電磁波なり

ここで時間をちょっとさかのぼってみる。さきほど見たように、**マイケルソン＝モーレイの実験**は、光が伝わるときの空間には**〝エーテル〟のような目に見えない媒体**が存在すると仮定していた。だが実はこのときすでに、この仮定を否定する研究が存在した――「**マクスウェルの方程式**」だ。そしてこの方程式は、相対性理論を生み出す最初の一歩でもあった。

アインシュタインが生まれる17年前の1862年（日本では江戸末期の文久2年）、イギリスの科学者**ジェームズ・クラーク・マクスウェル**（図1-5）は、**電磁気**すなわち**電気と磁気の相互作用**についてのさまざまな法則を4つの連立方程式にまとめた。

マクスウェルは、**ハンス・エルステッドとマイケル・ファラデー**という2人の先人が成し遂げた仕事の上に立ってこれらの方程式をつくったが、それは「**磁場が変化すれば必ず電場が生じ、電場が変化すれば必ず磁場が生じる**」ことを示していた。磁場とは磁気が生じる場（空間）、電場とは電気的な力がはたらく場である。

このマクスウェルの方程式は、**磁場と電場に生じた変化は〝波〟のように伝わる**ことを示していた（図1-7）。しかも驚くことに、この波には水面の波紋や音（空気の密度の周期的変化）が伝わるときのような**媒体を必要としない**。磁場の変化によって電場が生じ、その電場の変化で磁場が生じ……というように波が次々につくり出されていくためだ。

さらにマクスウェルは、この**波が広がる速度は真空中では光速に等しい**ことを示した（さきほど光速は毎秒30万kmと記したが、精確にいうと29万9792km）。

ここでマクスウェルは自らの洞察により、そのような波（電磁波）は光その

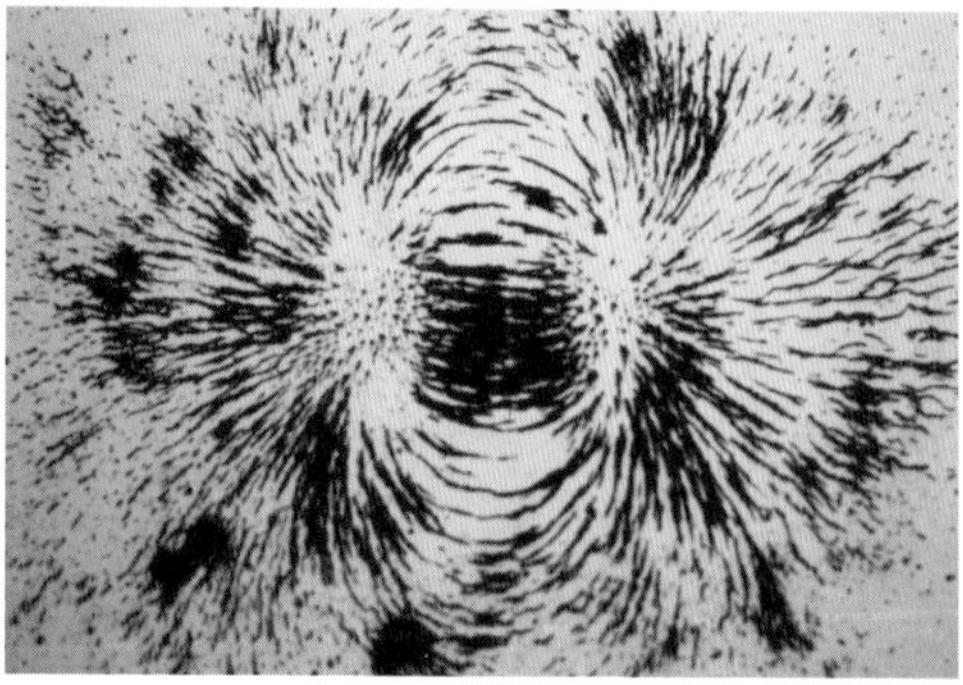

図1-6 ➡磁石のまわりに砂鉄をまくと、砂鉄は磁石のつくる磁場の向き（磁力線）に沿うように並ぶ。
写真：矢沢 潔

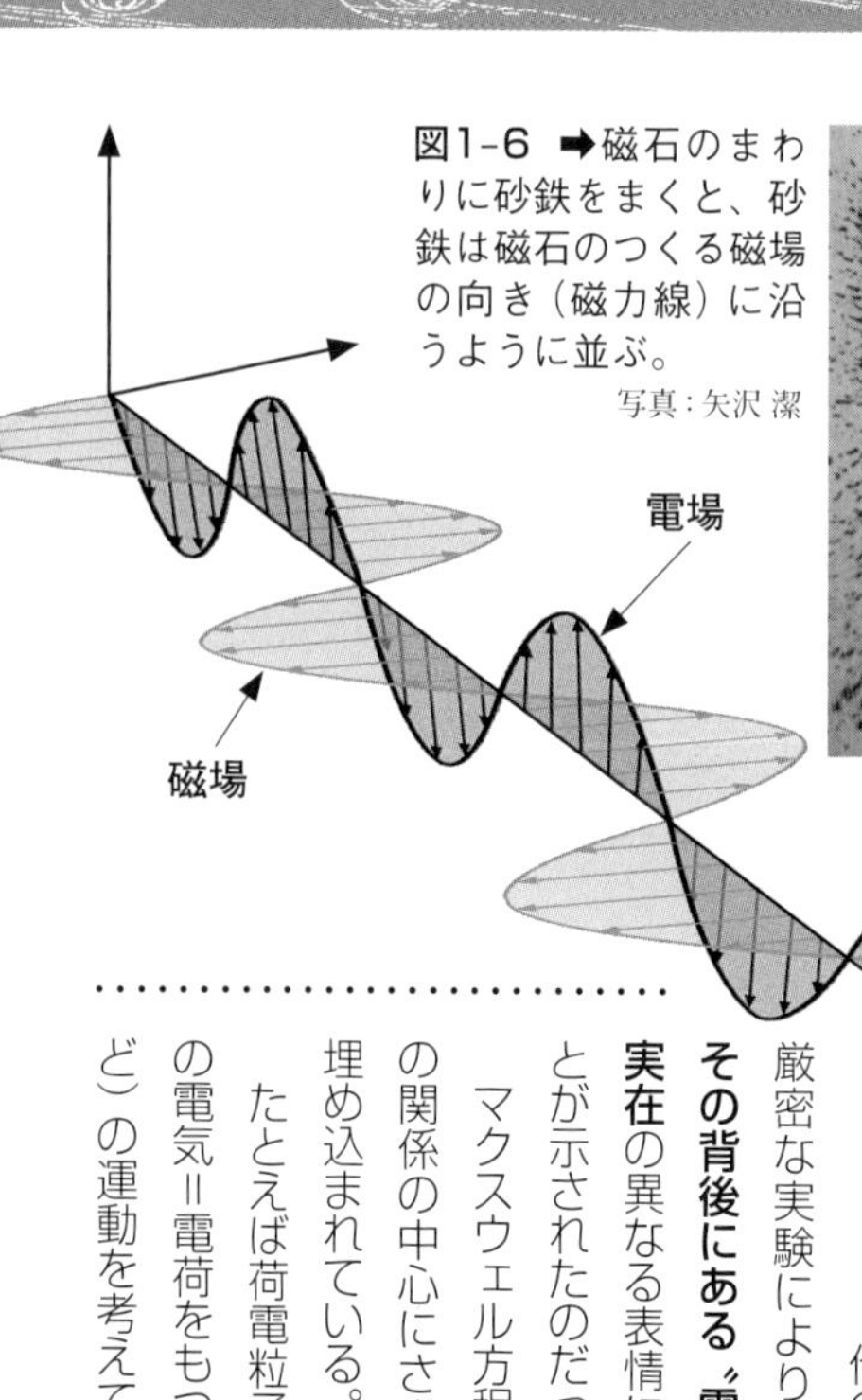

図1-7 電磁波（光）の伝播

⬆電場は磁場を引き起こし、磁場は電場を生じさせる。この連鎖の波が電磁波（光）として伝わっていく。

ものである――言い換えると**光=電磁波**であると仮定した。そしてその後、他の科学者たちが行った厳密な実験により、「**光も電場も磁場も、その背後にある〝電磁場〟という単一の実在**の異なる表情にすぎない」ということが示されたのだった。

マクスウェル方程式には、電気と磁気の関係の中心にさきほど見た〝光速〟が埋め込まれている。

たとえば荷電粒子（プラスかマイナスの電気=電荷をもつ粒子。電子や陽子など）の運動を考えてみる。こうした粒子が運動するとまわりに磁気的な力（=磁力、磁気力）が生じる。これをマクスウェル方程式で計算すると、粒子の運動速度が速ければ速いほど、その粒子がもともともっていた電気的な力に対する磁気的な力の割合が大きくなる。そして運動速度がついに光速に達すると、2つの力の大きさは同一になるのだ。

だが当時の物理学者の多くにとり、マクスウェル方程式は、電気や磁気について計算できる便利な公式以上のものではなかった。方程式に含まれる光速や媒体の不要性について深く考えようとする者はいなかったのだ。おそらくアインシュタインを除いては。

アインシュタインの父親の発電機

物理学の一学生で弱冠17歳であったアインシュタインは、スイス、アーラウのギムナジウム（中等教育学校）に通って

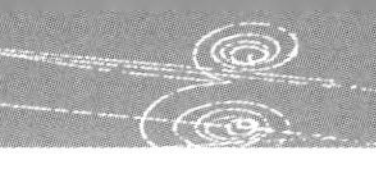

アインシュタインを先導した電磁気学

いたが、教師たちからはちょっと怠け者でぼうっとした学生と見られていた。だが彼は、実はその頃学んでいたマクスウェル方程式について考え続けていた。

1896年のある日、アインシュタインは光（の波）と並んで光速で進んでいる自分を想像した。そのとき彼の目に見えるのは、波となって〝振動しながら静止している光〟であったろう。ところが、**マクスウェルの方程式に従えば、光の波はつねに光速で進み、決して静止することがない。**

ニュートン理論的に考えると、自分は光速で進んでいるのだから、すぐ近くを同じ方向に光速で進む別の光は静止しているように見えそうなものだ。だが実際にはその光は、光速で進む自分のそばを光速で通り過ぎていく――これは、それまでの人間の日常感覚とはまったく相容れない。このパラドックスがアインシュタインを悩ませた。

当時アインシュタインの父親は発電機の製造に関わっていたが、そのことが若きアインシュタインにいまひとつのさらに奇妙なパラドックスを生じさせた。

発電機のしくみは単純である（**図1-8**）。それは、磁石がつくる磁場の内部でコイルが回転し、これにより電場が誘導されてコイルに電流が発生するというものだ（これは交流発電機。整流器を用いれば直流発電機になる）。しかしこの同じプロセスを磁石の側から見たなら、説明はこれとはまったく違ったものになる。

この性質を考えたアインシュタインは、電流は磁石とコイルの単純なすれ違い、ないし往復運動（**相対運動**）によって生じるのであり、このプロセスは**だれがどこから見ても同じ**はずだと結論した。

そして彼は、説明の困難なこれらの性質をそのまま前提として用いることにした。つまり**光速はどんな場合も一定**であり、かつ**物理学のあらゆる法則はだれがどう見ても同じ**だというものだ。しかしまったく単純なこの着眼が、20世紀以降の人間世界を一変させる新たな物理学の地平を切り開く端緒となるのである。■

図1-8 **発電機のしくみ**

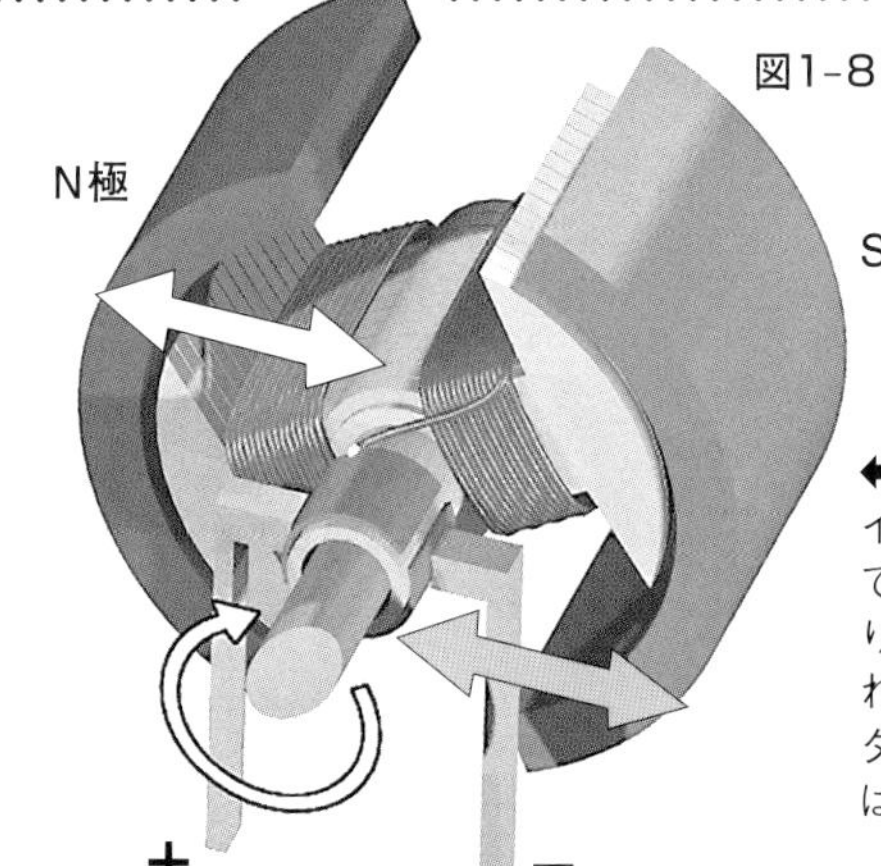

⬅巻き付けた電線（コイル）が、磁場の内部で回転することにより、コイルに電流が流れる。なお磁石はU字タイプであり、実際には切り離されていない。

図：Wapcaplet

特殊相対性理論の誕生
〝光速不変〟が生み出した20世紀の革命的理論

言語障害と兵役逃れのアインシュタイン

話を本題に戻して**アインシュタインの青年期**を少し前にさかのぼってみる。

ギムナジウム、つまり大学入学資格を得るための中等教育学校に通っていたころの彼は、物理と数学の成績は相当に優秀だったが、他方で言語障害の傾向があった。しかしこのギムナジウムにおける視覚教育が彼の言語的弱点の矯正に役立ったとされている。

またこのころアインシュタインは兵役義務を逃れるためにドイツ国籍を放棄し、無国籍で5年間過ごした後にスイス国籍を取得してチューリッヒ連邦工科大学に入学した。彼はここに入学してはじめて、前述の**マイケルソン＝モーレイの実験**、すなわち光速に対する地球の公転速度の比を測った実験のことを知ったのであった。

ちなみに、彼は大学を卒業したもののその大学では何のポストも得られず、生活のため地元の**特許局で8年近くにわたって特許審査官**として働きながら、ひとりこの問題に取り組んでいた（34ページ図1－11）。

ここに勤務していたある日、彼の脳裏に突如新しい物理学のヒントが浮かんだ。すでに当時の物理学の世界で知られていた**マクスウェルの方程式**や**ファラデーの法則**などからなる電磁気の法則（**電磁気学**）を前提にすると、古いニュートン力学では自然界をうまく説明できないこ

図1-9 ⬆1964年にアメリカの原子力空母エンタープライズは世界一周を終えて帰還した。このとき甲板には乗組員たちが並んで、原子力を象徴するアインシュタインの方程式 $E=mc^2$ を描いて祝った。 写真：US Navy

とに気づいたのだ。そしてその瞬間、彼の脳裏にまったく新しい理論のアイディアが萌芽し、それが「**特殊相対性理論**」への入り口となった。

書き直されて超有名になった方程式

特殊相対性理論（特殊相対論）は、アインシュタインが1905年にドイツ語で次々と発表した5本の論文の4本目のテーマであった。そのタイトルは「**物体の慣性はそのエネルギー量に依存するか?**」であり、どこにも特殊相対性理論とは書いてない（35ページ図1-12）。

またこの論文のどこにも、いまや世界一有名な方程式である $E=mc^2$（イー・イコール・エムシージジョウ）も書かれていない。ほとんどの人が、原論文を見ずして、この方程式は特殊相対性理論のキーとなるものだから、当然その論文に書かれていると思っているだけだ。

これについてくり返し質問されたアインシュタインは、ずっと後に、「**私は論文にその方程式は書かなかった。私は〝ある物体が放射の形でエネルギーLを放出したなら、その物体の質量はL÷光速の2乗だけ減る……物体の質量はそのエネルギー量の大きさである〞と書いたのだ**」と述べている。

彼がこの論文に結論的に書いた文言は、〝**質量mはエネルギーL÷光速Vの2乗**〟というものだけであった（図1－12）。これをそのまま数式で表すと、**$m=L/V^2$**となる。だがこれでは、素人はもちろん当時の多くの科学者にも意味不明であった。ちなみにその後、L（エネルギー）はEで表され、また光速（V）はcで示されるようになったが、意味は同じである。

そこでアインシュタインは40年も後の1946年（第二次世界大戦直後）に、ある一般向け科学雑誌の記事で、より平易な$E=mc^2$に書き換えた。するとこれはたちまち、文字通り世界一有名な方程式になったのである。

この4文字の数式をもういちど文章的に書くと、「**エネルギーの大きさは、質量×光速の2乗に等しい**」という意味である。これは、特殊相対性理論の重要な帰結のひとつであり、一目見るといかにも単純だが、後述するように、以後の人間世界を一変させるとほうもない影響力を秘めていた。

ここで話を少し戻してみる。

図1-10 ⬆ミュンヘンのギムナジウムに通っていた15歳の頃のアインシュタイン。写真（下も）：AIP Niels Bohr Library／矢沢サイエンスオフィス

図1-11 ➡スイス特許局時代にアインシュタインが生活していたアパート。現在は博物館となっている。

ガリレイ、ニュートン、そして

われわれはふだん、時間は過去から未来へと、時計の針のように、つねに不変の速さで進むと感じている。また空間は、縦と横と高さ、あるいはここからあそこまでを正確にものさしや距離計で測れるような隔たりだと直感的に信じている。

たしかに古代ギリシア時代から中世に至るまで、物体の運動や変化こそが**〝時間〟**とする見方もあった。だが、17世紀イギリスの**アイザック・ニュートン**が力学の法則を提出して以来、**〝空間と時間〟**は不変の存在とされるようになり、19世紀末の物理学者たちに至るまで、だれもそれを疑った者はいなかった。

とりわけ、すでに前章で見たニュートンの理論（**ニュートン力学**）では、時間と空間はそれぞれが完全に独立した存在、つまり**絶対時間と絶対空間**であり、われわれ人間もすべての物体も、その枠組みの中で（のみ）運動していると考えられた。たしかにわれわれの日常感覚で見るかぎり、その定義は真実と感じる。

こうした歴史の中で、さきほどのガリレイもニュートンも、そしてここでの主役アインシュタインの若き頃も共通して受け継いできたテーゼがある。それはガリレイが最初に提起した「**相対性原理**」（37ページ図1-13）である。

639

13. ***Ist die Trägheit eines Körpers von seinem Energieinhalt abhängig?***
von A. Einstein.

Die Resultate einer jüngst in diesen Annalen von mir publizierten elektrodynamischen Untersuchung¹) führen zu einer sehr interessanten Folgerung, die hier abgeleitet werden soll.

Ich legte dort die Maxwell-Hertzschen Gleichungen für den leeren Raum nebst dem Maxwellschen Ausdruck für die elektro…
dem d…
Di…
kalisch…
von zw…
lations…
standsä…
Ge…
das na…
Ei…
ordinat…
richtun…
des Sy…
in glei…
system…
keit v…
menge…

wobei…
sultat…

1)…
2)…
keit ist…

Trägheit eines Körpers von seinem Energieinhalt abhängig? 641

tiven Konstanten der Energien H und E abhängt. Wir können also setzen:

$$H_0 - E_0 = K_0 + C,$$
$$H_1 - E_1 = K_1 + C,$$

da C sich während der Lichtaussendung nicht ändert. Wir erhalten also:

$$K_0 - K_1 = L\left\{\frac{1}{\sqrt{1-\left(\frac{v}{V}\right)^2}} - 1\right\}.$$

Die kinetische Energie des Körpers in bezug auf (ξ, η, ζ) nimmt infolge der Lichtaussendung ab, und zwar um einen von den Qualitäten des Körpers unabhängigen Betrag. Die Differenz $K_0 - K_1$ hängt ferner von der Geschwindigkeit ebenso ab wie die kinetische Energie des Elektrons (l. c. § 10).

Unter Vernachlässigung von Größen vierter und höherer Ordnung können wir setzen:

$$K_0 - K_1 = \frac{L}{V^2}\frac{v^2}{2}.$$

Aus dieser Gleichung folgt unmittelbar:

Gibt ein Körper die Energie L in Form von Strahlung ab, so verkleinert sich seine Masse um L/V^2. Hierbei ist es offenbar unwesentlich, daß die dem Körper entzogene Energie gerade in Energie der Strahlung übergeht, so daß wir zu der allgemeineren Folgerung geführt werden:

Die Masse eines Körpers ist ein Maß für dessen Energieinhalt; ändert sich die Energie um L, so ändert sich die Masse in demselben Sinne um $L/9.10^{20}$, wenn die Energie in Erg und die Masse in Grammen gemessen wird.

Es ist nicht ausgeschlossen, daß bei Körpern, deren Energieinhalt in hohem Maße veränderlich ist (z. B. bei den Radiumsalzen), eine Prüfung der Theorie gelingen wird.

Wenn die Theorie den Tatsachen entspricht, so überträgt die Strahlung Trägheit zwischen den emittierenden und absorbierenden Körpern.

Bern, September 1905.

(Eingegangen 27. September 1905.)

図1-12 ⬆アインシュタインが1905年に発表した特殊相対性理論のドイツ語の原論文。3ページ目の丸印の部分に「質量はエネルギーを光速の2乗で割ったに等しい」（＝エネルギーは質量×光速の2乗に等しい）という意味の記述が見える。　資料：Annalen der Physik

この相対性原理の意味は、「物体の運動はどの慣性系でも同じ法則に従う」（＝**どんな速さで動いても自然界の法則は同じように成り立つ**）というものだ。ここで言う〝**慣性系**〟とは、ある空間、つまり加速も減速もせず完全な直進運動（＝**等速直進運動**）をしている仮想的な空間のことである。

ちなみにガリレイの相対性原理は、アインシュタインが後に提出する相対性理論とはちょっと異なっている（53ページコラム参照）。

アインシュタインの選択

ガリレイが提出してから300年ほど後にこの原理を目にしたアインシュタインは、そこに前出のマイケルソン＝モーレイの実験が示した〝**光速はつねに不変**〟を結合して、まったく新しい理論をつくり上げた。つまりその理論の骨格は「**相対性原理＋光速不変**」である。

だが、アインシュタインはなぜこの理論を生み出す必要に迫られたのか？　それは、彼以前の物理学であるガリレイの相対性原理とニュートンの理論（絶対時間と絶対空間がつくる完全静止系の力学）には、互いに矛盾するところがあったためだ。両者をひとつの理論にまとめるには、どちらかを手直しするか捨て去る必要があり、当時の科学者はやむなく相対性原理を捨てていた。

だがアインシュタインは違った。彼はそこに、マクスウェル方程式が示し、実験でも確かめられた光速不変をもち込むという、革命的とも言い得る修正を加えた。特

COLUMN

だれが光速を発見したか？

光の速さを世界ではじめて測定したのは、オランダの天文学者**オーレ・レーマー**である（1676年）。彼は、木星の衛星イオは木星を周期的に回るはずなのに、木星の反対側に隠れるタイミングがわずかにずれることに気づいた。そしてこれは、木星と地球の距離が広がると光の到達に時間がかかり、イオが隠れる瞬間を地球から観測するのが遅れるためと考えた。彼はこの現象をもとに光速は毎秒22万kmと計算した。光速が正確に測定されたのはずっと後で、約30万kmであった。レーマーの計算はこれより25%ほど遅かったが、当時としては驚くべき手法と正確さだったということができる。

殊相対性理論誕生の背景にはそうした経過があったのだ。

はじめて〝光速は不変〟をもち込んだ理論

すでに見たように、特殊相対性理論は次の2つの柱で支えられている。

図1-13 ガリレイの相対性原理

⬅⬇左／停止している新幹線の中でボールを真上に投げると、ボールは真下に落下する。下／他方、走行中の新幹線の中で同じようにボールを真上に投げると、近くの地上に立っている人の目にはボールは放物線を描いて落下するように見える。しかし投げ上げた人間から見ると、ボールは静止している新幹線の場合と同じく真上に上がり、真下に落下するように見える。

図：細江道義

① 物理法則はすべての慣性系で同一（相対性原理）

② 真空中における光速はすべての慣性系で一定（光速不変）

ちなみに、この理論名の頭に冠せられている〝**特殊**（special）〟は、前述した〝等速直進運動〟に限った場合という意味である。そこで、この理論によって現実的世界の事例を考えてみる。

2機の宇宙船が宇宙を航行している。宇宙船はいずれも加速も減速もせずに直線上をそれぞれ一定の速度（等速）で進んでいる。このとき、一方の宇宙船がどんな速度で運動しているかを決めるのは、他方の宇宙船との相対的な速度だけである。

たとえば2機の宇宙船が真逆の方向に同じ速度（記号v）で進んでおり、途中ですれ違う。このとき一方の宇宙船から他方の宇宙船を見ると、その速度は両者の合計速度（2v）として観測される。またもし2機が同じ方向に並んで同じ速度で進んでいる場合は、互いに相手が停止しているように見える——ここまではわれわれの日常感覚で理解できる。

では、宇宙船が前方からやってくる〝光〟とすれ違う場合はどうか。前記と同じ論理で見るなら、光の速さ

（記号c）は宇宙船の速度と光速の合計（v＋c）になりそうに思える。また宇宙船と光が同じ方向にむかって進んでいる場合は、光の速度は宇宙船の速度を差し引いただけ遅く（c－v）見えそうである。

だが奇妙なことに、特殊相対性理論はそうはならないと言う。**観測者である宇宙船がどこにいてどのように運動していても、宇宙船から見る光の速度は秒速30万kmで不変**だからというのだ。

しかし、光速不変という見方を絶対的真理として物理学の中心に据えると、この世界はまったく奇妙なものになっていく。不変である光速以外のもの、つまり縦、横、高さの3次元空間だけでなく、時間の進み方までもが不変ではないことになるからだ。実際アインシュタインは、この世界は3次元空間に別の1次元として時間をも加えた「**4次元時空**」だと主張しはじめたのである。

もし彼の特殊相対性理論が正しいとすると、現実世界ではわれわれに理解困難なさまざまな出来事が生じる。アインシュタインはその問題にどう答えたのか？　次項でその事例をあげ、さらにそこから何が現実世界に姿を現したかを検証することにする。■

なく高エネルギーの宇宙線”もこの仮説を裏付けるように思われる。

特殊相対性理論によると、宇宙からやってくる高速の粒子（宇宙線）にとって、宇宙を満たす光（**宇宙背景放射**。後述）は非常に高いエネルギーとなる。そのため、あるエネルギー以上の宇宙線が背景放射に衝突すると、宇宙線はその衝突反応によって消滅する。つまり、“とほうもなく高エネルギーの宇宙線”は地球上では観測されないはずなのだ。特殊相対性理論を裏切るこの現象もまた、VSL理論によって説明できるという。

マゲイジョらは、近年ますます精密に観測されている宇宙背景放射（**図1-14**）によって、VSL理論を検証できると考えている。

宇宙背景放射とは、宇宙がビッグバンによって誕生したときに発せられた光の残滓で、いまの宇宙でもあらゆる方角からのかすかな電磁波（マイクロ波）として観測される。彼らは、背景放射が描き出す誕生直後の“宇宙マップ”のなめらかさ（オメガ）が1——すなわち宇宙は真っ平ら——ではなく、彼らの予測する0.96478なら、VSL理論が証明されたことになるという。

この理論はほかにも宇宙論が抱えるいくつかの課題を解決すると見られているが、それは同時に、アインシュタインの相対性理論を真理として受け入れている現代の科学者すべてに、疑問符を突きつけることにもなる。それは、「**光速は一定ではなく、したがって相対性理論は間違っているかもしれない**」ということである。

COLUMN

「光速はつねに一定」ではなかった?

いまから138億年ほど前に誕生した直後の宇宙では、光速はいまより“はるかにはるかに”速かった——イギリスの名門大学インペリアル・カレッジ・ロンドン教授の**ジョアオ・マゲイジョ**らは最近、このように主張している。宇宙誕生初期の光速は、現代科学の常識となっている毎秒30万kmではなく、それより60桁も速い毎秒3×10の30乗km、すなわち1兆×1兆×300万km！だったというのだ。

彼らによれば、**光の速度は“つねに一定”ではなく、エネルギーの大きさまたは4次元時空の状態によって変化する**という。彼らはこの見方を「**VSL理論**」と呼んだ。VSLは“varying speed of light（＝変化する光速）”の略である。ちなみにこの理論を最初に提出したのはトロント大学名誉教授のジョン・モファットであり、彼は1992年、一般相対性理論や重力の研究からこの理論を生み出した。

VSL理論はとほうもない仮説のようにに思われるが、これによって説明できる事象も多い。

たとえば**宇宙の均一性の問題**である。現在の宇宙はどの方向もほぼ均一だが、宇宙の大きさを考えると、膨張する宇宙の端から端まで光が届くには時間が足りない。その場合、宇宙のある領域と別の領域では情報のやりとりが起こらず、全体が均一にはならないはずである。だが、初期宇宙で光速がはるかに高速だったと考えれば、96ページで紹介するインフレーション宇宙をもち込まなくてもこの矛盾は解消される。

いまのところこの理論の直接的な証拠は存在しない。しかしかつては変化しないと考えられてきた**宇宙の膨張速度**も、近年、しだいに加速していることが明らかになっており、光速が変化したと考えても不思議はない。

また近年、観測されている“**とほうも**

図1-14

⬅2001年から9年間にわたって観測した宇宙背景放射の温度分布。これは138億年前の宇宙の温度のばらつきを示し、ここからいまの宇宙に存在する数千億の銀河が誕生し進化したと見られている。
写真：NASA / WMAP Science Team

特殊相対性理論の奇妙な予言

「時間が遅れる」の真偽をどうやって確かめるか？

宇宙船の中では時間が遅れる？

科学の理論はときには**さまざまな予言を行う**ので、それが真実かどうか確かめる（＝検証する）方法もまたひとつではない。ここで注目している特殊相対性理論は、**とりわけ厳密な検証を求められる理論**である。

この理論のもっとも有名な予言である$E=mc^2$、すなわち「**物質はエネルギーと同じもの**」かどうかは次項（44ページ）のテーマである。そこでここでは、いまひとつの重要な予言、すなわち、非常に高速で運動していたり強い重力のもとにあっては「**時間が遅れる**」とする予言に目をむけてみる。話を単純化するため、ここでもまた仮想的なロケットないし宇宙船の例を考えよう。

地上のはるか上空――たとえば高度数百kmの地球周回軌道――を宇宙船が非常な高速で航行しているとする。このとき、宇宙船内部の床から天井の鏡にむけて、懐中電灯の光を垂直に照射する（**図1-15**）。

もしこの光の様子を地上から観測できたとしたら（できるはずがないので仮定の話だが）、光が床から天井に届くまでのわずかな間にも宇宙船は前方に進んでいるので、光は宇宙船の中を垂直にではなく、やや斜めに進むように見えるであろう。

とすると、**宇宙船内部を斜めに進む光の経路**は、床から天井まで垂直に進む最短距離よりいくらか長くなる。

図1-15　時間が遅れる？

⬇宇宙船の中で床と天井の間を往復する光を宇宙船の外部から観察すると、その経路は少しだけ長くなる。光速はつねに一定なので、これは宇宙船の内部の時間の流れが遅くなっているとしか考えられない。

図：細江道義

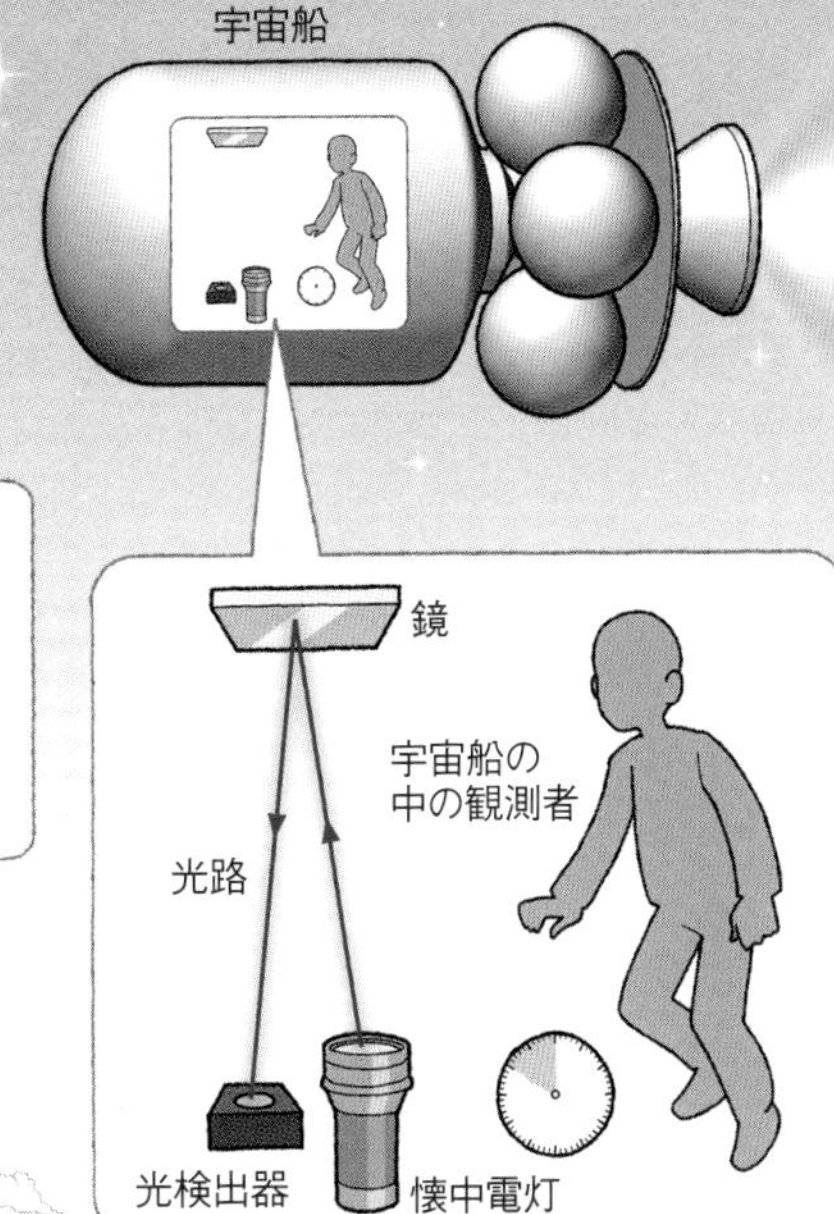

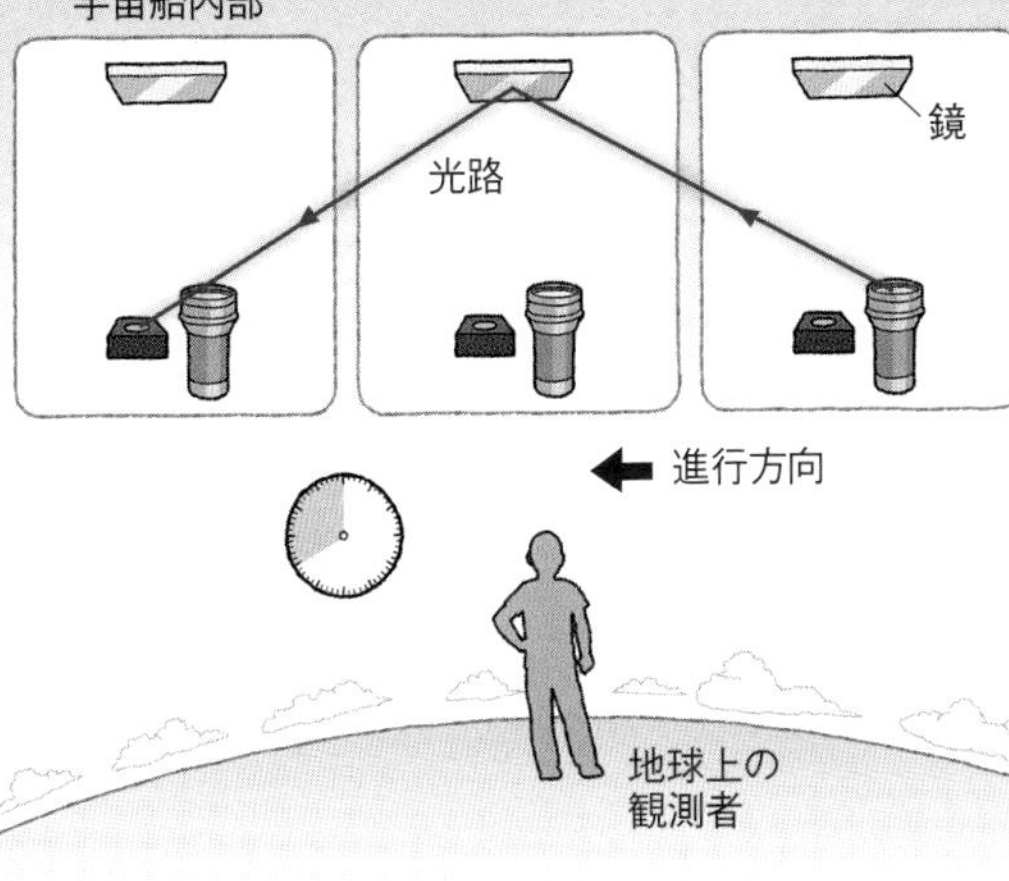

また光が天井の鏡に反射して床まで戻ってくる経路もやはりいくらか長くなる。その結果、宇宙船の中で光が垂直に往復する時間よりも、それを地上から観察しているときに光が往復する時間のほうが長くなるはずである——そんなばかな話があるだろうか？

こうした理不尽はよく**パラドックス（逆説）**と呼ばれる。つまりわれわれの常識では起こるはずのない**矛盾した論理の帰結**である。

特殊相対性理論を前にした当時の物理学者たちはみな、この奇妙な論理をどう解釈すればよいのか答えに窮した。彼らに対するアインシュタインの答えは次のようなものだった。

「光の速度はつねに一定なので、その疑問に対する答えはひとつである。それは、地上におけるよりも**宇宙船の内部の時間が遅れている**からである」

時間が止まり質量が無限大に？

アインシュタインはここで、**高速で運動する物体の時間はゆっくり流れる**と答えたのだ。それはかつてだれ一人として考えたことのない**まったく新しい見方**であった。

だがこの見方を受け入れていくと、空恐ろしくも不可

図1-16 亜光速と質量

⬅非常に高速で移動する恐竜の体は、前後にいくらか縮むことになる。

図：矢沢サイエンスオフィス

解なことが起こる。宇宙船であれ惑星のような天体であれ、その運動速度がさらに速くなって光速に近い速度（亜光速）に近づけば、時間の進み方はますます遅れることになる。そして同時に**宇宙船や天体の長さは収縮し、質量は大きく（重く）なる**（図1-16）。ついに運動速度が光速に達したとき、**時間は停止し、質量は無限大**となる！

　だが、時間が停止したり質量が無限大（宇宙全体より無限倍に大きい！）などということがありようはずはない。そこで、このことから導かれる結論は、いかなる物体も決して**光速で運動することはできない**というものである。

　こうして特殊相対性理論は、この宇宙で**唯一絶対のものは〝光速のみ〟**であり、**時間も物体の質量も空間の大きさも不変ではない**と述べた（予言した）のだ。

実験で時間は遅れたか？

　では、時間が遅れるというこのとんでもない予言は検証されたのか？　実は何度も検証実験にかけられている

（粒子加速器を用いた実験については１０６ページ参照）。
　現在進行形の実験としては、**国際宇宙ステーションＩＳＳ**（図１－17）の宇宙飛行士たちによって行われている。

図1-17 ⬇地上400kmを飛行する宇宙ステーションの中では時間の流れがわずかに遅くなることが検証された。　写真：NASA

宇宙ステーションは地上約４００kmの周回軌道を毎秒８０００ｍの速度で飛行している。これは**光速の０・００００２６６７倍**で、光速に対してちょっと遅すぎる感もあるが、他に適当な事例がないのでやむを得ない。

　特殊相対性理論が正しいなら、２つの理由で**飛行士の時計はいくらか〝遅れたり進んだり〟するはず**だ。ひとつは飛行士（宇宙ステーション）が高速で運動しているために時間が遅れること。そしていまひとつは、地上４００kmを飛行する宇宙ステーションの位置では**地球重力が地上より弱いために時間が速まる**ことである。どちらもきわめて短いずれだが、両方をプラスマイナスした結果が理論の予測と一致すれば、**予言は検証された**ことになる。

　そこでいままでの約８年間の時間のずれを精密に計算したところ、**約10分の1秒の遅れ**が生じていたという。この数値がどれほどの説得力をもっているか素人にはわからないが。

　ともあれ、これまでのさまざまな実験の結果は、**予言が正しいことをおおむね示している**ように見える。しかしいずれも限られた条件下での実験なので、だれの目にも明らかと言えるまでには至っていない。■

相対性理論がなくても原爆は生まれた！

$E=mc^2$と原爆の関係の誤解

検証されない理論はただの仮説

どんな理論も、観測や実験によって確かめることができなければ、ただの仮説の範囲から出ることはできない。

では、**もっとも難度の高い科学理論**のひとつである**相対性理論**はいつどのように、その真実性が確かめられたのか？　ここでは特殊相対性理論の帰結であるあまりにも単純かつ有名な方程式、**$E=mc^2$**に注目してみる。

きわめて単純とはいえ、そこで言っていることは、それまでだれも想像したことさえない奇妙な言説である。

アインシュタイン以前の物理学者や科学者一般は、**「エネルギーとは、物体やそれが存在する場を動かす何ものかである」**と定義していた。物体を動かすのは力学的なエネルギーであり、物体の温度を上げるのは熱エネルギーだというように。

このように定義されるエネルギーは、ある場所から別の場所へと移動したり伝わったりするが、どこかで生み出されたり消滅したりはしない。たとえば物体を持ち上げるには力学的エネルギーが必要だが、物体を持ち上げた後には物体の位置エネルギーに変わるだけだ。エネルギーはこのように何かにはたらきかけながら、果てしなく流転するものだというのである。

だがアインシュタインが開拓した理論では、物質の質量とはその**物質がもつエネルギーそのもの**だ、ということ

E=mc² と原爆の関係の誤解

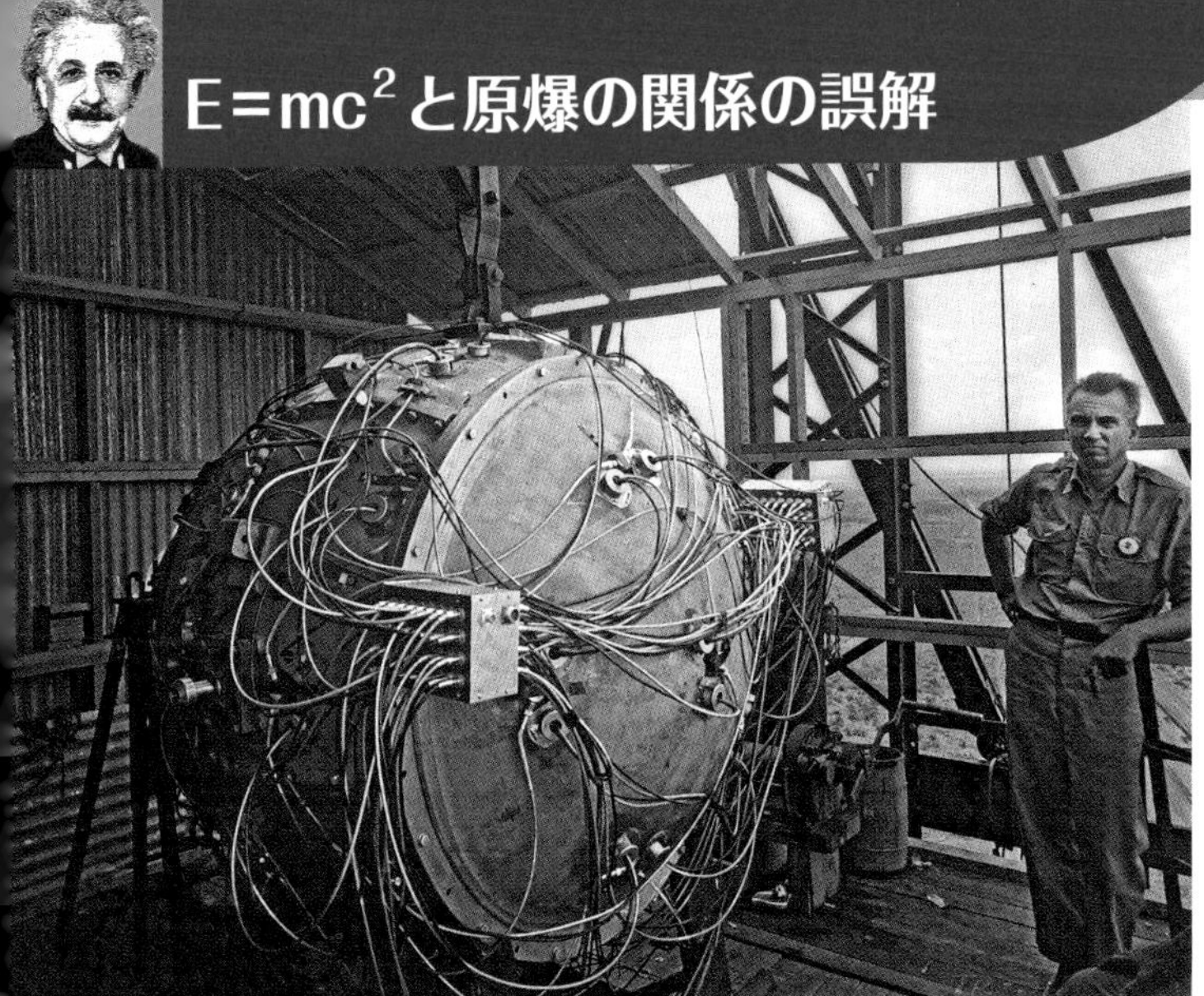

図1-18 ⬅1945年、ニューメキシコの砂漠で世界初の起爆実験のために用意されたプルトニウム原爆。写真（下も）：Dept. of Energy (DOE), US gov.

図1-19 ⬇世界初の原子炉「シカゴ・パイル1」の開発に参加した科学者たち。左下はエンリコ・フェルミ、右の白いコートがレオ・シラード。写真：Los Alamos National Lab., DOE

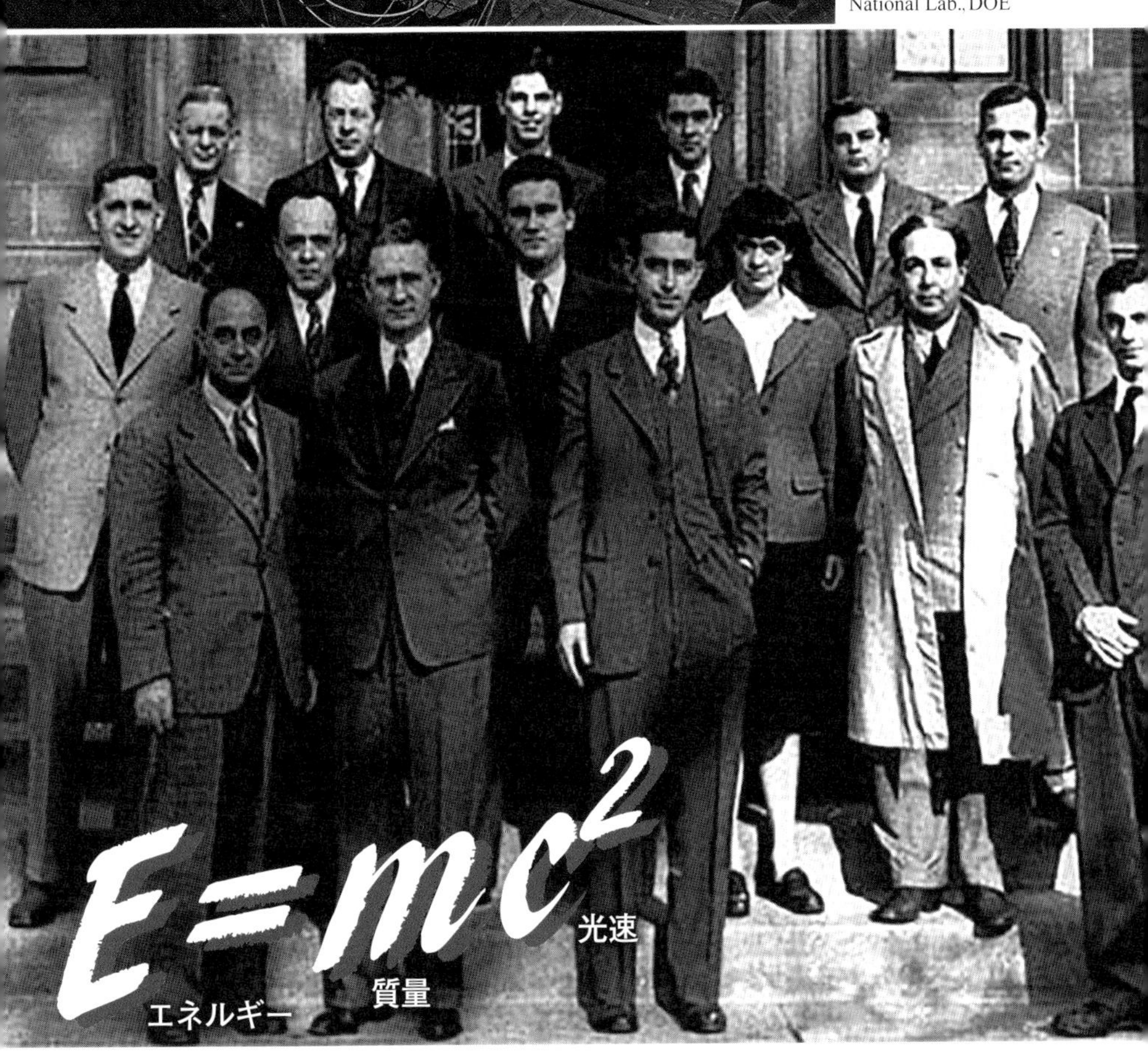

とになった。言い換えると、物質とはすなわち〝**エネルギーの凝縮体**〟ということになる。

とすると、そこからは単純な推論として、「**物質はすべてエネルギーに変わり、エネルギーはすべて物質に変わる**」という一見して信じがたい結論が引き出される。それがウソかマコトかは、現実世界で検証してみなくてはならない。

図1-20 ⬆第二次世界大戦中の1942年、シカゴ大学に作られた世界初の原子炉「シカゴ・パイル1」。
写真：Melvin A. Miller, Argonne National Laboratory

シカゴ大学フットボール場の原子炉

だがここから、話が少しややこしくなる。社会一般の〝**誤解の傾向**〟もそれゆえであろう。

第二次世界大戦中の1942年（日本では昭和17年）、イタリア出身の物理学者**エンリコ・フェルミ**（45ページ**図1-19**）がリーダーとなって、シカゴ大学のフットボール場の観客席下に、「**シカゴ・パイル1**」（**図1-20**）と名づけられた実験装置を建造した。**世界初の〝原子炉〟**であった。

原子炉とは、プルトニウムやウラン（**図1-21**）などの重い原子に、連鎖的な核分裂を起こさせる装置である。現在の**原子炉の起源**となったものだ。

その原理は、まずプルトニウム原子の原子核にむけて中性子を照射する。中性子は電気的に〝中性〟なので、電気的性質をもつ電子や原子核による反発などを受けずにプルトニウム原子の中に入り、その原子核に吸収される。するとこの原子核は不安定化してより小さな2～3個の原子に分裂し、また新たな中性子をも生み出す（**図1-22**）。

E=mc²と原爆の関係の誤解

ここである興味深い現象が起こる。核分裂から新たに生まれた多数の小さな原子と中性子の質量をすべて合計しても、もとのプルトニウム原子（原子核＋中性子）の質量よりわずかに足りないのである（質量欠損という）。この不足分はどこへ行ってしまったのか？

行方不明になったように見えるこの質量は、実は熱エネルギーとして放出されたのだ。そして、それがどのくらいの大きさのエネルギーかは、ここで問題にしている**アインシュタインの方程式**によって計算できる。

いま見たような核分裂と呼ばれる反応を、新たに生まれる中性子によって次々とくり返すことにより、核分裂は連鎖的に起こる。そこでこの反応を「**核分裂連鎖反応**」と呼ぶ。このとき行方不明の質量から生じたエネルギーが、アインシュタインの言う**質量＝エネルギーの証左**となる。

1個のプルトニウムないしウランの原子が核分裂した後に不足する質量は微々たるものだが、放出されるエネルギーはきわめて大きい。理由は、方程式の中の**cの2乗**にある。cは光速すなわち秒速30万kmだから、これに

図1-21 ⬆ 左／高濃縮されたウラン。右／ウラン鉱石に微量に含まれるプルトニウムを精製したもの。リング状に成型した重量約5kgのこのプルトニウムで1個の原爆となる。写真：左・US DOE、右・Los Alamos National Lab., DOE

図1-22 核分裂反応

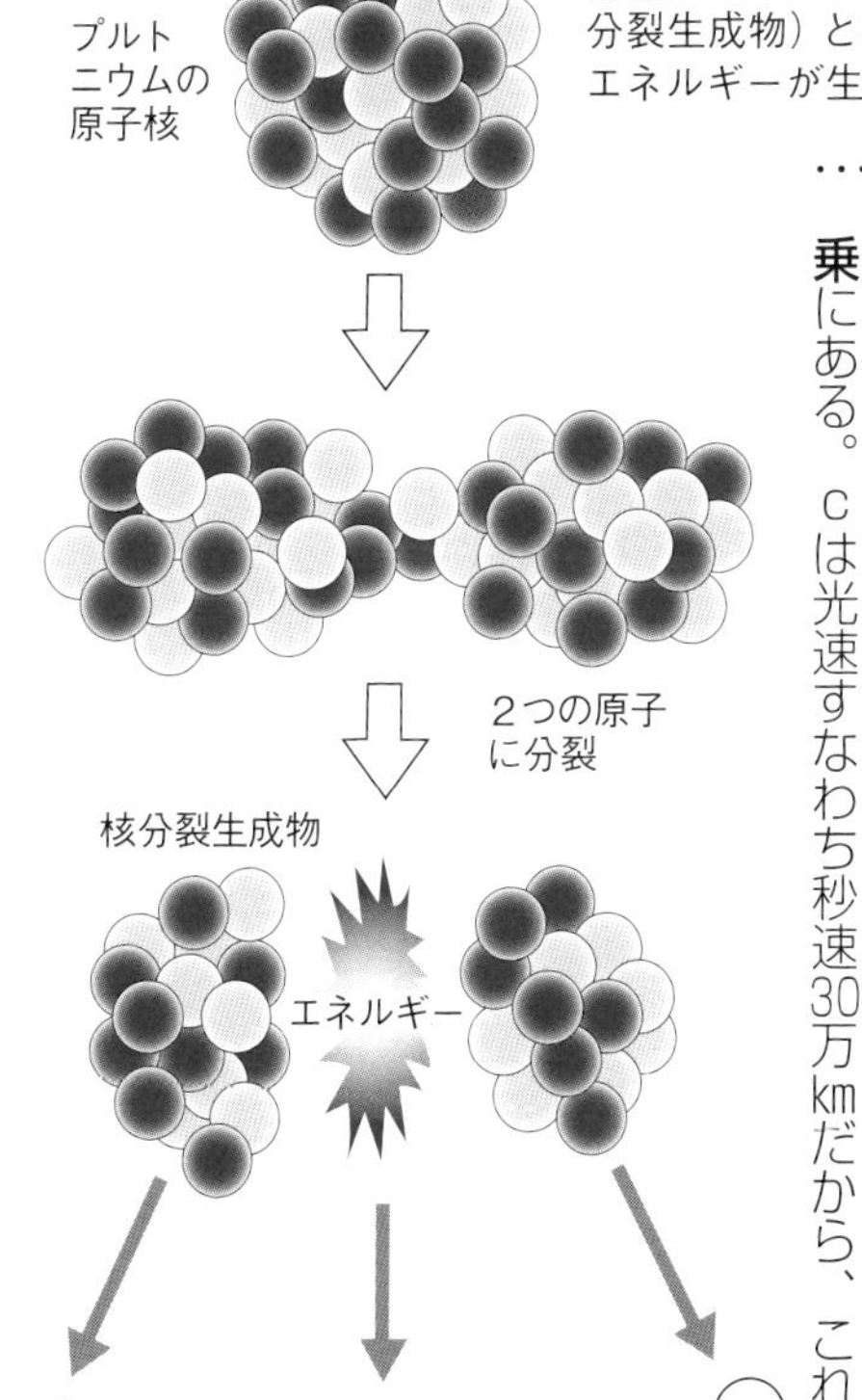

⬅ウランやプルトニウムの原子核に中性子が衝突すると、原子核は分裂して2〜3つの小さな原子（核分裂生成物）と中性子、それに熱エネルギーが生まれる。

さらに30万kmを掛け合わせれば、答えが巨大な数値になることは容易に想像できる。

仮に**1kgのウラン**をすべてエネルギーに換算すると、答えは9×10の16乗ジュール（＝1兆ジュールの9万倍）。わかりやすく言うと、これは平均的な1000万の家庭に3年間電力を供給できるほどのエネルギーである。またこれを土木工事や兵器に使用されるふつうの火薬（**TNT火薬**）に換算すると4000万トン分である。

もっと身近な例で、読者の体重が70kgとすると、その体をつくっている物質は、平均的な1000の家庭が消費する電力を200年！にわたって供給できる。

実際には、核分裂が起きても大半はありふれた陽子や中性子や電子などに変わってしまい、純粋にエネルギーに変わるのはごく一部である（「**反物質**」と反応させればすべての物質が純粋なエネルギーに変わるが、いまのところ反物質を大量につくって保存することはできない）。

核爆弾を手にした世界の国々

アインシュタインの特殊相対性理論から8年後の1913年、ドイツの化学者**マックス・ボーデンシュタイン**が、化学反応が自動的に連鎖する可能性に気づいた。その20年後、ハンガリー出身の物理学者**レオ・シラード**（45ページ図1－19）が、**核分裂物質の連鎖反応**を予言した。

さらに1938年にはドイツの**オットー・ハーン**（**図1－23左**）と**フリッツ・シュトラスマン**が、中性子をウランに当てると核分裂が起こることを発見した。こうした序章があった後にシカゴ大学に原子炉がつくられ、核分裂の連鎖が確かなものになったのである。

この検証結果はただちに現実的な〝応用〟へと進んだ。第二次世界大戦中のこのとき、アメリカはヨーロッパでナチスドイツおよびイタリアと戦い、太平洋全域で日本と戦っていた。そしてアメリカは、全米から亡命学者をも含めて多数の第一級の物理学者、化学者、数学者などを動員し、ここで確かめられた核分裂反応を用いた**とほうもなく強力な兵器**を生み出すことに全力を傾けた。この計画（**マンハッタン計画**）は早くも1945年、ニューメキシコ州の砂漠で**世界初の原子爆弾**を爆発させることに成功した（**図1－23右**）。爆発の様子を双眼鏡で遠くから見ていた科学者たちは狂喜した。

彼らは戦後になると原爆よりはるかに強力な**水素爆弾**（核融合爆弾）を開発し、まもなくソ連、イギリス、中国、フランスなどが次々に核爆弾を開発、さらにイスラエル、

図1-23 ⬆ウラン原子の核分裂反応の発見者オットー・ハーン。左は核分裂の“兆候”にはじめて気づいたリーゼ・マイトナー。写真：AIP/矢沢サイエンスオフィス ➡世界最初の原爆の爆発直後。TNT火薬にして2万トン相当のエネルギーが放出された。写真：US DOE

インド、パキスタン、そしていまや北朝鮮へと続く核保有国が地球上に列をなす時代となった。

アインシュタインについての半分の誤解

いまでは多くの人々が、この核爆弾はアインシュタインの特殊相対性理論のもっともわかりやすい証明になったと信じている。さらに、アインシュタインは核爆弾の父だと考えている人もいる。

だがそれは**半分事実で半分は誤解**である。核爆弾誕生へのプロローグは、前記したように、まずマックス・ボーデンシュタインによる化学連鎖反応の予言があり、ついでレオ・シラードの核分裂連鎖反応の予言があった。その間には**H・G・ウェルズ**のサイエンス・フィクション『**解放された世界**』が原子エネルギーの解放について書いていた。科学者たちはこうした前段の後を受けて核分裂連鎖反応を実験的に確かめようとし、そこから原子爆弾がただちに着眼されたのだ。

アインシュタインはシラードにいくらか強いられて、時の**ルーズベルト大統領**宛てに原爆を大至急開発するよう勧めた手紙にサインしている。そこには「ナチスドイツが先に開発したら大変なことになる」と書いてあった。

だがこうした経過を見ると、科学者たちが特殊相対性理論からただちに核分裂反応や原爆開発を思いついたようにはとうてい見えない。直接の刺激はレオ・シラードによる核分裂反応の予言やオットー・ハーンらによる核分裂実験の成功であったというべきだろう。彼らの実験がアインシュタインの物質（質量）＝エネルギーを〝結果的に〟実証したということである。■

アインシュタインの重力はニュートンの重力とどう違うか？

4次元時空をひずませる一般相対性理論

6

星の光は太陽の重力で曲げられる

ここからは、本書の「はじめに」でも触れたように、「**世界で3人しか理解できない**」などと形容されたことで知られる**一般相対性理論**についてである。

この理論によれば、われわれの宇宙の物質と時空（4次元時空、時空連続体）は互いに切っても切れない関係にある。その関係をつくり出している源泉は重力である。したがってこれは、ニュートンの**万有引力の法則の〝アインシュタイン版〟**ということになる。

アインシュタインは1915年の一般相対性理論の発表に先立つ4年ほど前、4次元時空における加速系の計算を行っており（53ページ**コラム**）、そこでいくつかの〝発見〟をした。そのひとつは、「遠方の宇宙の星からやってくる光が太陽のそばを通るときには、その**光は太陽の重力によって曲げられる**」というものだった。そして彼は、巨大な物体（質量）はその周辺の**4次元時空をゆがませる**――これこそが、われわれが引力と感じてきたものの正体、すなわち重力だと気づいたのである。

ニュートンの定義では、物体が2つあると、それぞれが他方を引きつける目に見えない力を生み出し、それが引力だとされた。リンゴが地上に落ちるのは地球とリンゴが互いの引力で引き合うからだというのである。これは地球をめぐる月の運動から導かれたものだ。このとき

4次元時空をひずませる一般相対性理論

図1-24 ⬆星や惑星などの大きな物体（質量）は４次元時空をひずませる。一般相対性理論ではこのひずみが重力の本質だとしている（時空を網で表したイメージ）。 図：Mysid

の引力の大きさは、2つの物体の質量がどれほど大きく、またそれらが互いにどのくらい離れているかで決まる。そして引力は物体の内部から生じ、はるかに離れた空間まで、徐々に弱まりながらも一瞬で（光速の無限倍で）届くというのであった。

アインシュタインの重力の定義はこれとはまったく異なっていた。それは、彼がこの10年前に提出した特殊相対性理論が予言した4次元時空を基礎にすえると、**ある観測者から見て同時に起こる2つの出来事は、別の観測者から見れば別々の時間に起こる**という結論が導かれることになるからだ。彼はこのことから、大きな星や銀河のような巨大な質量の**物体は時空をひずませる**ことに気づいた。

それを仮にイラスト化すると（**図1-24**）、トランポリン台のようにピンと張られたネットの真ん中に重いボールをおくと、ボールはネットのその部分を沈ませ、その沈みは周辺にも広がる。これと同じように、実際の星や惑星、さらに何千億もの星々からなる銀河は、その質量によって周辺の空間をひずませる。そのため、こうした空間（時空）を公転する隕石や彗星、さらには**光までもがひずんだ空間内を運動する**というのである。

しかし、時空がわずかにひずんでいるかどうかを観測機器で直接調べることはできない。そこで、アインシュタインのこの予言を天体観測によって確かめようとする者が現れた。イギリスの非常に著名な天文学者**サー・アー**

サー・エディントンである。

第一次世界大戦後の1919年5月29日、彼はアフリカ西海岸沖のプリンシペ島に遠征し、**皆既日食の観測**と撮影を行った。エディントンは、はるか遠方の星からやってきた光が太陽のすぐ近くを通過して地球の近くに達する場合、その光はわずかに曲がるはずだという**アインシュタインの予言**を確かめようとしたのだ（**図1－25**）。

しかし地球上で日中に観測しても、太陽の明るさによってその周辺は見えない。そこでエディントンは、この日に太陽が月によってすっぽりと隠される皆既日食が起こるプリンシペ島を選んだ。そして見事にその現象を観測し、「**一般相対性理論が観測によって証明された**」と発表、それは翌日には大ニュースとなって世界中に流れた。このニュースによってアインシュタインの名はただちに世界に知られることになった。

図1-25 ⬆1919年、プリンシペ島の皆既日食を巨大な望遠鏡で観測し、遠い星の光の曲がりを観測するアーサー・エディントン。

写真：AIP/矢沢サイエンスオフィス

世界中を興奮させたエディントン

アインシュタインは実際には一般相対性理論を1911年にほぼ書き終えていた。その中には、さきほど見た太陽の重力によって曲げられる背後の星の光についても記されていた。1915年に発表されたときには論文中のいくつかのエラーが修正されており、アインシュタインの絶対的な信奉者であったアーサー・エディントンはこれを見た後に、プリンシペ島での皆既日食の観測隊を組織したのであった。

エディントンの観測がなかったなら、一般相対性理論のような難解な科学理論が世界中を驚かせたり興奮させたりすることはなかったに違いない。エディントンは頑迷な人間として知られていたが、彼がこの理論と、そもそもアインシュタインを世界一有名な科学者へと押し上げたのである。■

COLUMN

“特殊”と“一般”はどう違うか?

アインシュタインは一般相対性理論の中で、重力は大きな質量をもつ物体がこの**時空を曲げる(ひずませる)力**だと定義した。

この理論で彼が用いた一連の方程式は、「**時空における物質に対して重力がどう作用するか**」を示していた。つまりこの理論の核心は**重力とは何かを真新しく定義した**ものであり、“時空の幾何学”の理論であり、同時に**新しい“重力理論”**であるということができる。

一般相対性理論は「**場の方程式**」と呼ばれるものを用いて表される(**図1-26**)。ここで言う場(=フィールド)とは、**重力や電磁気力の影響が存在する空間や場所**のことだ。実際われわれが知っている空間は、地球上であれ宇宙であれすべて場である。そうした**場は“時空の曲がり”と“時空における物質の分布”によって説明される**というのである。

またアインシュタインは一般相対性理論によって、あらゆる時空(の座標)は同じ物理法則によって同じように扱われなくてはならないことをも示していた。単純に言えば、**物理法則は宇宙のどこに行っても同じようにあてはまるはず**、というのである。

これは、「物理法則は一定の速度で運動しているすべての観測者に当てはまる」とする前述の**ガリレイの相対性原理と重なる見方**である。

$$R_{ij}-\frac{1}{2}g_{ij}R+\Lambda g_{ij}=\frac{8\pi G}{c^4}T_{ij}$$

宇宙項

アインシュタインの重力定数

図1-26 ↑アインシュタインの方程式(場の方程式)。4次元時空と物質の質量およびエネルギーの関係を示す。

では**特殊相対性理論と一般相対性理論は何が違うのか?** 相対性理論のあたまにつく“**特殊**”は、あらゆる観測者から見て静止している、または等速で運動している系(外部の力が加わらない慣性系、非加速系)についての理論である。これに対して“**一般**(=general)”相対性理論は、互いに加速または減速している系(加速系)についての理論である。後者は、重力加速度(=重力)は運動の加速度と区別できないという前提から始まった。

別の表現を用いると、**2つの理論は基本的にまったく同じ見方**である。ただし特殊相対性理論は光速に近い等速の運動のみを対象とし(重力〈=加速運動〉は含まない)、他方の一般相対性理論はあらゆる速度の運動および宇宙全体を対象としている。つまり、**特殊相対性理論は“一般相対性理論の中の特殊な事例”についての法則**だということになる。

寄り道コラム

アインシュタイン理論がだれでも5ステップですぐわかる

本章をここまで読んできたが、相対性理論の意味がいまひとつはっきりしない、と感じる読者がいるかもしれない。そこでここでは、だれでもこの理論の要点を理解できるように、理論の意味を5ステップに分けてシンプルに整理してみる。

ステップ 1

相対性理論は**2つの理論**からなっている。**特殊相対性理論**と**一般相対性理論**である。この理論は、「空間と時間は実際には同じもの（**4次元時空**、時空連続体、または単に時空とも言う）の異なる顔であり、この時空はねじれたり曲がったりする」と予言する。

特殊相対性理論は、「別々の場所にいる、またはそれぞれ異なる速度で（しかし速度そのものは変化せずに）運動している人間（観測者）にとって、ある物がどのように違って見えるか」を扱う。

他方、一般相対性理論は、観測者の運動速度が変化した場合も扱うことができる。さらにこの理論では、時空の性質そのものにも焦点が当てられる。

ステップ 2

特殊相対性理論は、どんなに速く運動している観測者から見ても、**光の速度***はつねに一定であることを前提としている（*厳密には、光速＝真空中における光の速度）。以後これは、物理学全体の新しい枠組みとなり、「時空」という新概念を登場させた。

たとえば、時速200kmで走る新幹線の先頭車両のヘッドライトが点灯されているとき、その光の速さは光速＋時速200kmにはならない。新幹線がどんな速度で走っても（あるいは速度を落としたり停止したりしても）、ヘッドライトの光は一定の光速＝毎秒30万kmで進む。

これはどう考えてもわれわれの直感に反する。しかし、にもかかわらずこの理論は「**光速は一定**」と述べており（これはマクスウェルの電磁方程式から導かれる）、われわれに**自然界のあり方**としてそのまま受け入れることを要求している。

ステップ 3

特殊相対性理論では、同じものを2つの場所から観測すると、その場所によって時間の進み方が異なる。超秀才のニュートンも、これには気づかなかった。

読者（Aさん）がどこかの線路脇で、列車が通過するのをぼうっと見ているとする。たまたま目の前を通ったのは窓の大きな観光列車で、外から車内の様子がよく見えた。ここで電車内のBさんが列車の天井にレーザーポイントを向けたとする（これは迷惑行為なので、たとえ実験でも決してやってはいけない）。線路脇のAさんにはレーザーポイントの光が一瞬、ちらりと天井に映るのが見えた。

この場合、Aさんから見ると、Bさんの光が天井に届くまでの距離は、Bさんが見ているよりも長い。というのも、列車は走り続けているので、Bさんがレーザーを放った時点より車両はわずかに前進しており、結果的に光は斜めに進んだように見えるからだ。

図1-27 ⬅アインシュタインの終生の秘書となったヘレン・デューカス（左）。アメリカの市民権を得るための宣誓を行っている。
写真：ＡＩＰ／矢沢サイエンスオフィス

だが光の速度は決して変わらない。また、光が天井に届いた時間がAさんとBさんとで異なって2つあるわけではない。とすれば、Bさんにとって時間の流れがほんの少し遅くなったと考えるしかない。

アインシュタインがこの現象についてたえず記者たちに質問されることを知っている秘書ヘレン・デューカス（**図1-27**）は、彼女自身でも質問してみた。するとアインシュタインはこう答えた――

「素敵な女性と2時間過ごしてもたった1分だったように感じるけど、焼けつくように熱いストーブのそばに1分間座っていたら、2時間も耐えているように感じる。それが〝相対性〟の意味だね」

ヘレンを深く信頼していたアインシュタインは、自分の死後、著作物の権利をすべて彼女に託すと遺言した。ヘレンは1982年まで生きた。

4

特殊相対性理論はしばしばサイエンス・フィクションに材料を提供してきた。科学者や科学ライターがこの理論を説明するときにはよく〝**双子**（ふたご）**のパラドックス**〟の話を持ち出すが、あれはひとつの思考実験——頭の中で論理的に考えるだけの実験——である（**図1-28**）。

そこでは20歳の双子の兄弟が登場する。そのひとり（兄）が未来の宇宙船に乗り、

図1-28 双子のパラドックス

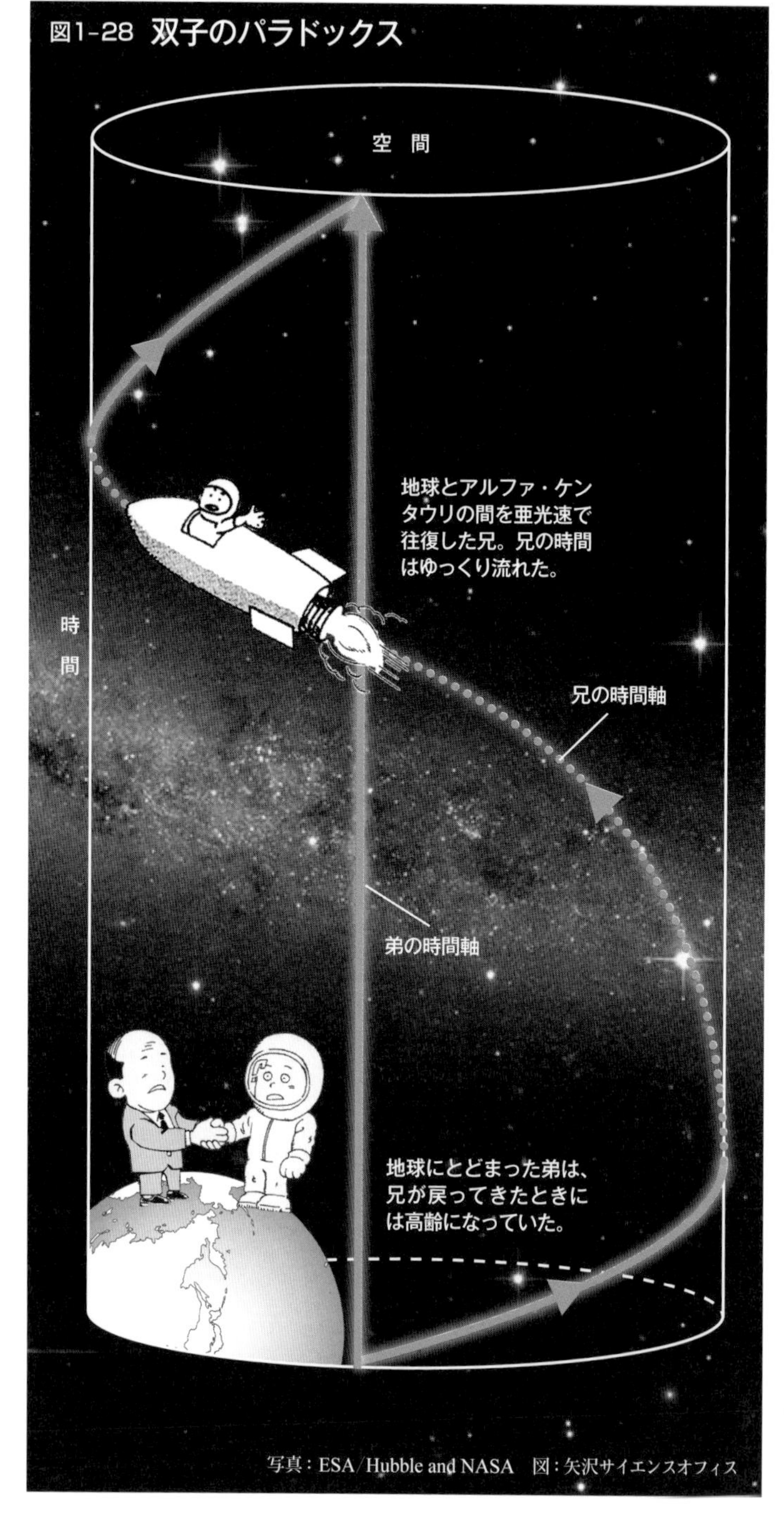

写真：ESA/Hubble and NASA　図：矢沢サイエンスオフィス

光速に近いほどのスピード（亜光速）で、われわれの太陽からもっとも近い星アルファ・ケンタウリ（ケンタウルス座アルファ星）へとむかう。双子のもうひとり（弟）は地球の自宅にとどまって、兄が帰る日を待っている。

　宇宙船に乗った兄は、往復8年あまりを費やしてアルファ・ケンタウリ星から帰ってきた。この星はわれわれから4光年ほどの距離にあり、光速に限りなく近い亜光速で飛行すれば、8年あまりで往復できる。地球に戻ったとき、彼は出発時より8歳ほど年をとっていることになる。だがこのとき、地球にとどまっていた弟のほうはすでに数十歳も年を重ねており、たぶん老齢年金で暮らしている？

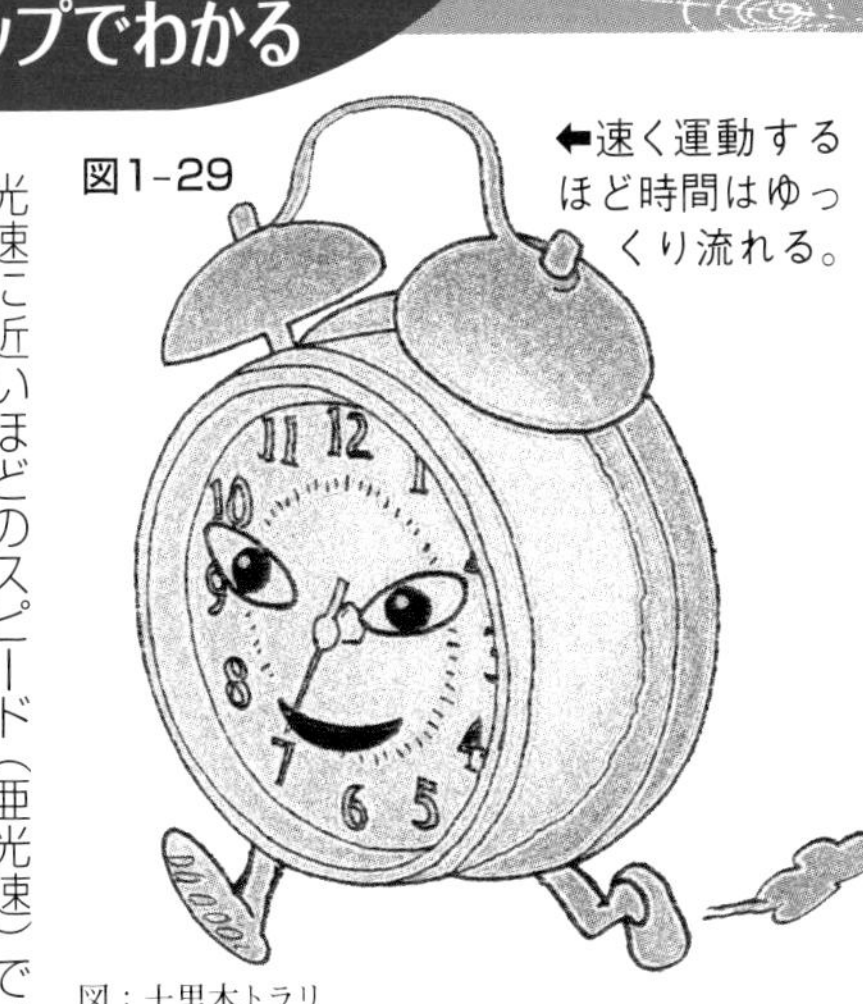

図1-29

図：十里木トラリ

　だれが聞いてもこれはただの科学っぽいつくり話、つまりサイエンス・フィクションのネタのように思えるかもしれない。しかし特殊相対性理論は、「**光速に近いスピードで運動すると時間が遅くなる**」と予言しているので、これは現実に起こることになる（図1－29）。

　もし読者がこんな話はナンセンスだと思うなら、それは特殊相対性理論が、さらには一般相対性理論がナンセンスな理論だと主張していることになる。そう主張するだけの自信はあるだろうか？

ステップ 5

一般相対性理論は、重力を時空の幾何学（＝**重力の場、重力場**）として扱う理論である。

　ニュートンの**万有引力の法則**は、われわれの日常生活に関するかぎりまったく違和感がない。しかしこの法則では重力（この場合は**引力**）は瞬時に伝わるとしているので、光速より速い速度は存在しないとしている特殊相対性理論と正面衝突する。

　そこで、相性のよくない万有引力の法則と特殊相対性理論とを融合・拡張し、重力を大きな質量によって曲がった時空（4次元時空）として説明できるようにしたのが一般相対性理論である。この理論により、大きな星やブラックホール、銀河、宇宙全体などの生み出す重力を〝**時空の幾何学**〟として厳密に扱うことができるようになった（図1－24）。

　ただしこの理論は、本書の他の記事で見るように、**ミクロの量子力学的世界ではまるで無力**である。■

相対性理論はどこまで正しいか？

一般相対性理論のこれだけの証拠

4次元時空のゆがみを確かめる法

すでに前出の記事で見たように、**アインシュタイン**は特殊相対性理論の10年後、**一般相対性理論**を発表した。これは、**特殊相対性理論に「加速度」という要素を包含**させ、特殊な条件下ではなく**あらゆる条件下でも有効な理論へと拡大（＝一般化）**した理論である。ここでいう一般化とは、実際の宇宙で作用している「**重力**」をも取り込むことを意味している。

ニュートン理論における重力は、リンゴが地上に落下するように、物質どうしの質量が〝**互いに引き合う力**〟すなわち引力であった。だが**アインシュタインの求めた重力**はこれとはまったく異なっていた。それは、「非常に大きな**質量は4次元時空をひずませ**、それがわれわれには重力として感じられる」というものだった。そのため一般相対性理論は〝**アインシュタインの重力理論**〟とも呼ばれる。

しかしこのように定義される重力を、われわれは周囲のどこであれ目にすることはできない。それが理論の中だけの存在なら、だれもアインシュタインの定義する重力を受け入れることはできない。だれでも、「それが事実だという証拠を示してもらいたい」と考えるであろう。

あらゆる科学的な仮説や理論の〝**証拠（エビデンス）**〟は、実験または観測によってそれが事実と検証・確認で

図1-30　曲がる光の証拠

⬆銀河のはるか背後にある天体（A）からやってきた光は、銀河周辺のゆがんだ時空の中で曲げられ、地球からは別の場所（B、C）にあるかのように観測される。　図：NASA／CXC／M.Weiss（一部改変）

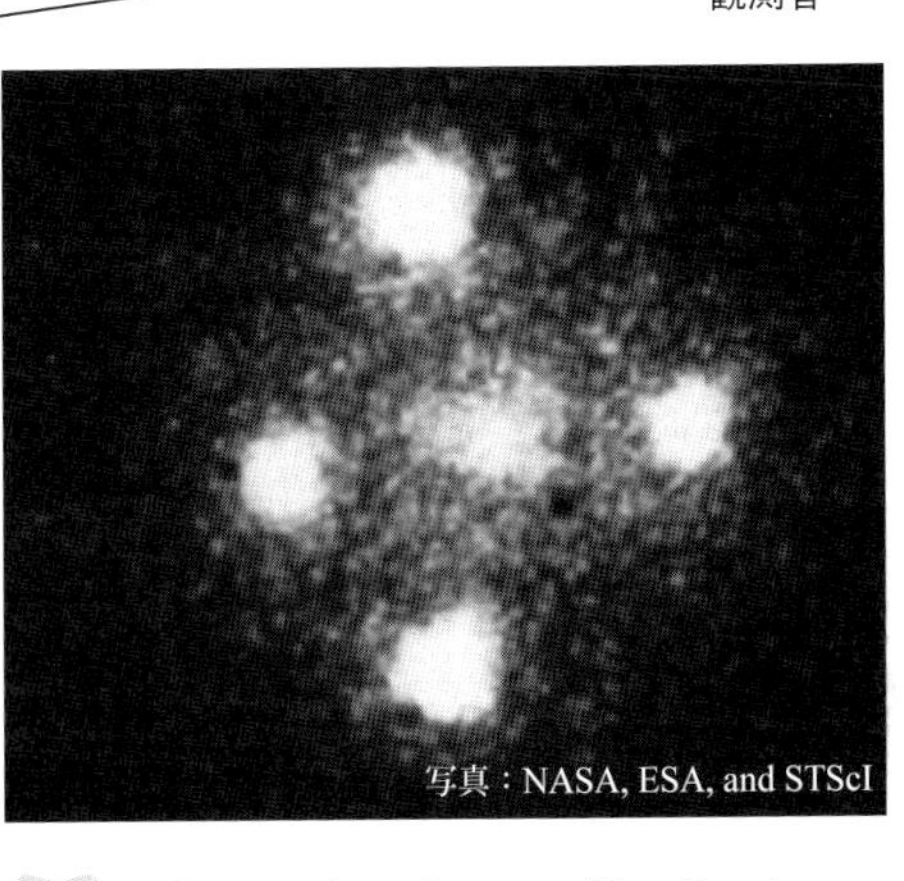

図1-31　➡アインシュタインの十字架。80億光年の距離にある非常に明るい天体（クエーサー）の光が、はるか手前にある銀河のそばを通過するときにその通路を曲げられ、地球から　は4つの別々の天体のように観測された。典型的なアインシュタインの「重力レンズ効果」の事例。

写真：NASA, ESA, and STScI

きるか否かにかかっている。そこで、アインシュタインの一般相対性理論は発表されて以来、さまざまな実験や観測にかけられてきた。

とはいえ、この理論が予言する〝**4次元時空のゆがみ**〟を身近に観測できる場所はどこにも存在しない。あまりにもその**ゆがみが小さい**からだ。観測できるとしたら、この理論が予言しているいくつかの現象——いずれも**宇宙的スケールでしか観測できない**——である。

〝ゆがんだ時空〟の第1の証拠

その第1は「**重力レンズ効果**」である。それは、とほうもなく**巨大な質量の天体**（太陽の何百倍もの質量をもつブラックホール、何千億倍もの質量をもつ銀河など）の周囲では、その強大な重力によって時空がゆがんでいるため、そこを通過する光は、あたかも凸レンズを通る光のように〝**曲げられる**〟というものだ（**図1-30**）。

そこで各国の天文学者たちは長年、巨大質量の星や銀河を観測するときには、その背後の天体からやってくる光が曲げられているかどうかを探し求めてきた。そしていくつもの実例をみつけた。その代表例が、ペガスス座にある**クエーサー**（非常に強い電波を発しているはるか遠方の天体＝準恒星状天体。**図1-31**）で、地球から観測すると1つの天体が4つの天体として観測される。これは重力レンズ効果、すなわちゆがんだ時空の最良の事例とされ、いまでは**〝アインシュタインの十字架〟**と渾名されている。

　ペガスス座のクエーサーはわれわれから80億光年の距離にあり、はるか手前（地球から4億光年）にある銀河のちょうど背後に位置している。つまりペガスス座のクエーサーからやってくる光がこの銀河の強大な重力によってゆがんだ空間を通るため、ちょうど凸レンズを通る光のごとく進路が曲げられて地球の方向にやってきていることを示している。

図1-32 ⬆スペースシャトルの宇宙飛行士がその窓から撮影したハッブル宇宙望遠鏡。1990年代以降、世界最高の観測能力をいかんなく発揮している。 写真：NASA

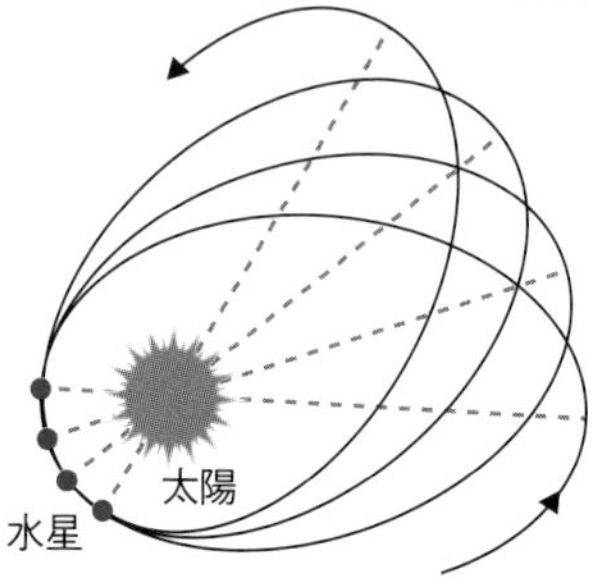

図1-33 ⬅太陽を回る水星の軌道は少しずつずれていく。ニュートン力学でおおむね説明できるものの、厳密な説明には一般相対性理論が必要になる。
資料：Mpfiz

　こうした重力レンズ効果はいまではいくつも観測されているが、それらの天体はとほうもなく遠方にあるため、これを観測するには、NASAの**ハッブル宇宙望遠鏡**（図1-32）や**スピッツァー宇宙望遠鏡**のような現代最高の宇宙望遠鏡を用いなくてはならない。それはちょうど、**ロスアンゼルスからニューヨークにある1個の電球**を観測して、その表面に止まっている1匹のハエをみつけるほどの性能を必要とする。

〝ゆがんだ時空〟の第2の証拠

　第2の証拠とされるものは、太陽系のもっとも内側を公転する**水星の運動**である。この小さな惑星の公転軌道は時間とともにずれていく（図1-33）。

　これは、質量が地球の18分の1しかない水星が、その約2400万倍の質量をもつ**太陽の周辺のゆがんだ時空**を回っているため、軌道がつねに**太陽側に引き寄せられている（＝へこんだ時空の中を運動している）**ためだ。このままいくと、数十億年後に**水星は地球に衝突**する可

図1-34 重力波の検出

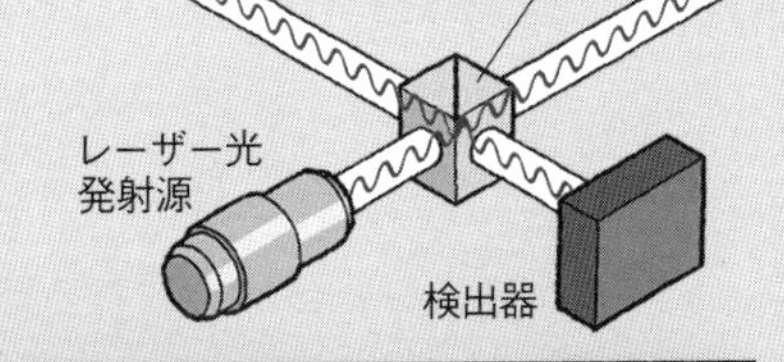

上写真：Caltech／MIT／LIGO Lab.　作図：細江道義、参考資料：Johan Jarnestad／The Royal Swedish Academy of Sciences

⬅2つのブラックホールの合体から発生した重力波をキャッチしたアメリカの重力波望遠鏡LIGO（ライゴ。上写真）の原理。長さ4000mの真空パイプ2本が直角に設置され、内部をレーザー光が走る。両者の到達時間のずれから重力波の通過をキャッチする。

図1-35 ⬅岐阜県の山中地下に建設された日本の重力波望遠鏡KAGRA（カグラ）。2017年に完成、まもなく観測を開始する。観測精度は世界最高水準とされている。

写真：Christopher Berry

能性があると計算されている（もっともそのころには太陽はその一生の最終段階である赤色巨星となって、超高温のガスが水星や金星、**地球をのみ込みつつある**かもしれない）。

〝ゆがんだ時空〟の第3の証拠

もっとはるかに小さな、地球ほどの天体の周囲の時空もやはりわずかにゆがんでいるはずである。地球は24時間ごとに1回自転しているので、周囲の時空はこれによって**かすかに〝ねじれる〟**ことになる。

2004年、NASAは重力探査衛星（GB-P）を打ち上げてこのねじれを測定した。すると、時間ごとのかすかなねじれがアインシュタインの理論と一致したのだ。

「重力波」発見、ただちにノーベル賞

アインシュタインが一般相対性理論を発表したとき、この理論が予言するであろう現象のひとつに「**重力波**」があった。重力波とは、自分の周囲の4次元時空をゆがませている大質量の天体がはげしく運動すると、その時空のゆがみが波、すなわち**重力波となって宇宙空間に光速で広がっていく**というものだ。

この波をキャッチしようと日本を含む各国の研究者たちが長年、**重力波検出計画**を実行してきた。そしてついに2015年9月14日、アメリカの巨大な重力波観測装置（**LIGO：ライゴ**。61ページ**図1-34**）が世界初の検出に成功した。

このアメリカチームの科学者たちは、**2017年のノーベル物理学賞**を受賞した。

そしてつい最近の2017年8月14日には、ヨーロッパの観測チームがVirgo：バーゴと名づけた観測装置で世界4度目となる重力波の観測に成功したと発表した。この重力波は、地球から18億光年の距離にある太陽の31倍と25倍の**2つのブラックホールが互いの周囲を回りながらついに〝衝突合体〟**し、太陽の56倍の質量のブラックホールとなるときに発生したものと結論された。

ちなみに日本でも、岐阜県飛騨市の地下深くにつくられた重力波検出装置**KAGRA：カグラ**（**図1-35**）が2018年ころから観測を始めることになっている。

こうして、アインシュタインの理論が予言したいくつかの現象は、理論の誕生から100年後の近年になり、実験や観測によって**（ほぼ）疑いの余地なく**その正しさが確認されつつあるといえるのである。■

第2章
だれでもわかる量子論のABC

図：矢沢 潔

だれが〝量子〟を発見したのか？

だれも理解できない量子力学

1

GDPの35%を生み出す量子力学

「だれも**量子力学**は理解できない」――アメリカの物理学者**リチャード・ファインマン**はあるときこう述べた。他方、量子力学を生み出した立役者のひとり**エルヴィン・シュレーディンガー**は、「私は量子力学にかかわったことを後悔している」と晩年に述懐した。

彼らのようなもっともすぐれた物理学者たちが、そのわけのわからなさを揶揄したり嫌悪感を示すことさえある量子力学とはいったい何か？

量子力学は、肉眼では見えない微小なミクロの世界を扱う学問である。といっても、それは古ぼけた教科書の中にのみ存在する実用性を欠いた特殊な学問ではない。身近な電子機器、たとえばコンピューターの半導体やDVD、レーザー、デジカメ、スマホ（スマートフォン）などはまさに量子力学の産物であり、また新しい素材や薬剤をつくるにもいまや量子力学的な計算は必須である。

イギリスのある科学ライターの著作によると、2014年時点で先進国のGDPの35%は量子力学にもとづく技術を利用して生み出されているという。たしかに、元素の性質ひとつとっても量子力学的な説明が不可欠なので、この数値はさして驚くにはあたらない。

だが量子力学はきわめて難解で、多くの人々が自分の日常生活には関わりがないと感じている。それは、量子力学はニュートン力学とは異なり、人間が**日ごろ目にする自然界とはかけ離れている**と感じられるからであろう。とりわけわれわれがそう感じるもののひとつが〝**連続性**〟の問題である。

だれが“量子”を発見したのか？

図2-1 ⬆プランク（右）は「エネルギー量子」という概念を提出し、“量子の発明者”となった。左は量子力学建設の中心人物であったニールス・ボーア。　写真：AIP Niels Bohr Library/矢沢サイエンスオフィス

光のエネルギーは粒子のかたまり？

連続性というと何やら難しそうだが、われわれがふだんから経験していることでもある。たとえば空間はとぎれなく続いているので連続である。また、ガスコンロでフライパンを加熱すれば、フライパンは少しずつ熱くなっていく。朝が明けるとき空はしだいに連続的に明るくなり、夕暮れにはしだいに暗くなる。身のまわりのどんな物理現象もとびとびやぶつ切れではなく連続的に変化するように見える。ニュートン力学では事物の連続性は法則の大前提のひとつとなっている。

だが19世紀末、光と熱の実験で、光が連続的なエネルギーをもつとみなすと、特定の温度をもつ物体が放出する**光のエネルギーが計算上、無限大になってしまう**ことがわかった。これでは温度が低くても高くてもすべての物体が無限大のエネルギーをもつことになる。そんなばかなことはあり得ない。

そこで1901年、ドイツの物理学者**マックス・プランク**（**図2-1**）は、「光と物質の間でエネルギーは連続的にやり取りされない」と仮定した。そして「**光のエネルギーは粒子のようなかたまりである**」とみなした。プ

ランクはこのエネルギーのかたまりを「**エネルギー量子**」（量子：クァンタム）と呼んだ。

ただしプランクにとっても当時の物理学者にとっても、これは便宜上の存在であり、光にそのようなエネルギーの粒子が付随しているとか、光そのものがエネルギーの粒子のつぶつぶからなると考えたわけではなかった。ところがまもなく、**アインシュタイン**がこの見方をさらに進めたのである。

光はひとつの〝粒子〟である

アインシュタインは当時、スイスの特許局の職員であり、特許審査のかたわら膨大な文献に囲まれてみずからの研究をも進めていた（特殊相対性理論もこの時代に生まれた）。彼が注目したのは、光を金属に当てると金属の表面から電子がとびだす現象であった。これは「**光電効果**」と呼ばれている（**図2-2**）。

光電効果では、光がある一定の波長より短いと電子がとびだすのに、それより長いと電子はとびださない（光は波長が短いほどエネルギーが高い）。光を明るくする、つまり光量をどれだけ増やしても、光の波長がそのままなら電子はとびださないのだ。

アインシュタインは、この現象は**光が粒子としてふるまう**ためだと考えれば説明できることに気付いた。1個の〝光の粒子〟が金属の表面にぶつかってそこから電子をはねとばすのだから、その〝粒子〟のエネルギーだけが問題になるのだ。これは光が実際に粒子として存在することを示すように思われた。アインシュタインはこの光の粒子を「**光量子（ライトクァンタム）**」と呼んだ。

光量子はいまでは「**光子（フォトン）**」と呼ばれている。光量子の存在は、後に**コンプトン効果**[★1]によっても確認された。

質量がなく、にもかかわらずエネルギーをもつ光子ははじめて認識された量子でもあった。極微の世界を探る学問「量子力学」はこうして最初の扉を開けた。■

図2-2 光電効果

光

電子

電子

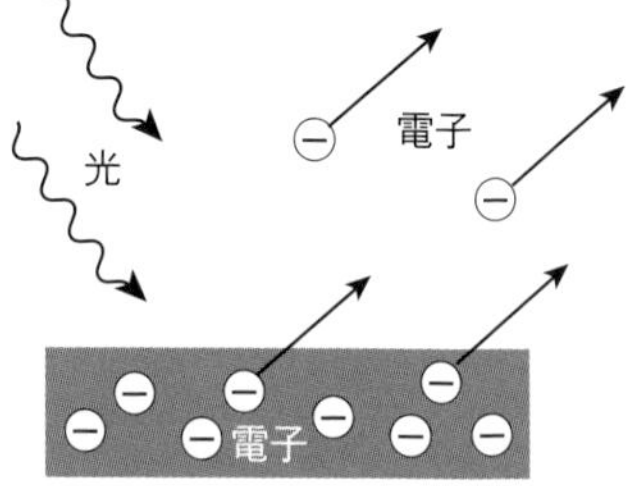

⬆高いエネルギーの光子1個が金属に衝突すると、電子1個がとびだす。

★1 コンプトン効果
電子に光を当てたとき、入射した光の波長より電子に衝突して散乱した光の波長のほうが長くなる現象。この現象は、1923年にアメリカのアーサー・コンプトンが実験によって発見したことからこう呼ばれる。

第2章◉だれでもわかる量子論のABC

〝物質〟もまた空間を満たす波なり 粒子でも波でもあるものの真の姿は?

電子は〝波〟でもある?

「光は〝粒子〟である」——**アインシュタイン**がこう主張したとき、物理学者たちはそれを自然に受け入れた。実験では光が1個の粒のようなふるまいをしていたし、はるか昔から光を粒子とする見方もあった。力学を集大成した**ニュートン**も、光を粒子と見ていたのだ。たしかに水面の波紋を見ていると、いくつもの波紋が干渉し合い、重なったところは粒のようにも見える（図2-4）。

だが、アインシュタインのこの「**光量子説**」に触発されたフランスの若き物理学者**ルイ・ド・ブロイ**（図2-3）が1924年に「**電子は波である**」と主張したとき、物

図2-3 ⬆1929年に物質波の理論でノーベル物理学賞を受賞したルイ・ド・ブロイ（前列中央）。これはワルシャワで1925年に撮影された写真。
写真：Wellcome Library

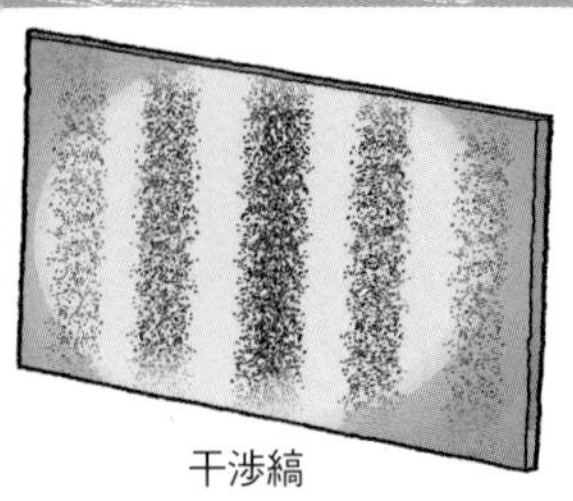

作図：細江道義、参考資料：Zeeya Merali, Nature

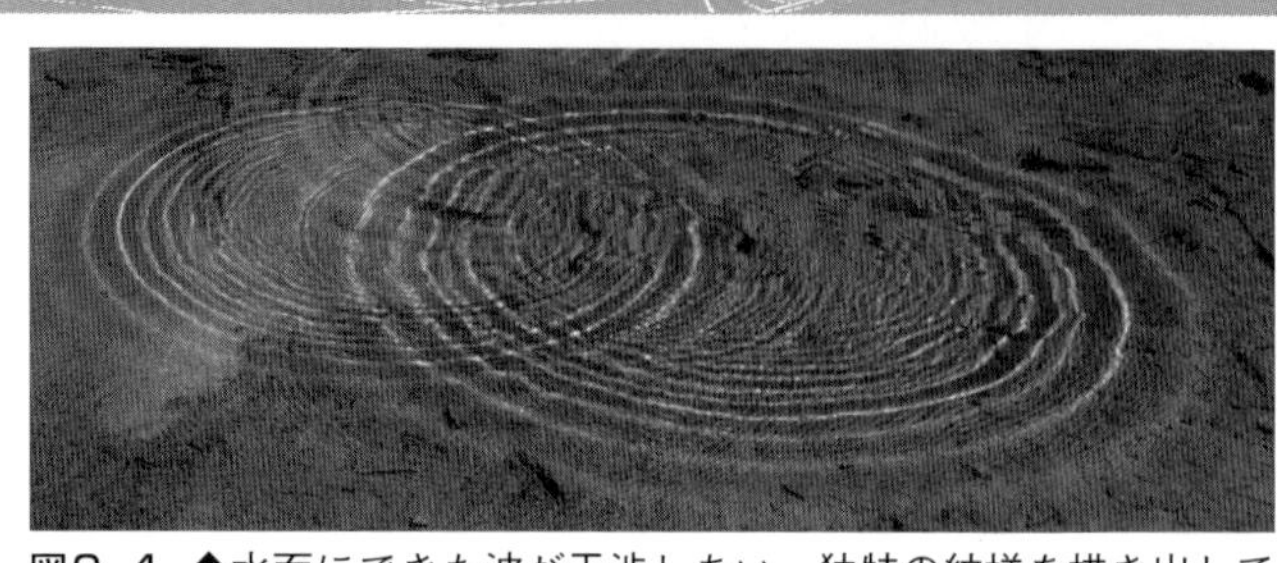

図2-4 ⬆水面にできた波が干渉しあい、独特の紋様を描き出している。光や電子もこのように干渉し合う。　写真：Creative Commons

理学者たちは仰天した。道端に落ちている石ころが塊であって決して波ではないように、電子もつぶつぶの粒子としか思えない。電子には一定の大きさもあれば質量もあり、明らかに〝粒子そのもの〟である。にもかかわらず電子が波とはどういうことなのか？

　ド・ブロイは公爵家の人間で（フランス革命で直系祖先がギロチンで処刑された。また彼の祖父は首相を2度務めている）、18歳のとき名門ソルボンヌ大学で歴史の学位を取得、後に理論物理学も学んだという天才肌であった。年の離れた物理学者の兄（ルイはこの兄から後に爵位をついだ）とともに、光量子説についてさまざまな議論を重ねた。そして、**光が波と粒子であるように、他の存在もこうした〝二重性〟をもつ**と考えるようになった。電子がもつ波としての性質をド・ブロイは「**物質波**」と名付け、博士論文にまとめた。

　3年後、実験で電子はたしかに波の性質をもつことが明らかになった。そして、電子や光子のように波と粒子の性質を同時にもつ存在は「**量子**」と呼ばれるようになった。だが真の問題はここからであった。

量子はいまも謎に満ちている

　電子が波としての性質を示すのはどんなときか？　物理学者がまず考えたのは、電子は粒子ではあるが、大量の電子がそれぞれ波のように動くため、それらは互いに干渉し合うであろうというものであった。

　だがこれは、**電子の干渉実験**によってすぐに否定された（**図2-5**）。この実験では、電子を高速で撃ち出す電子銃と2つのスリット（隙間）、それにスクリーンを用意する。電子銃が撃ち出した電子は、スリットを通ってスクリーンにぶつかってそこに印をつける。まもなくスクリーンには、多数の電子が衝突した部分とほとんど衝突していない部分が現れる。これが「**干渉縞**」である。電子は当然、2つのスリットが開いているときに干渉し

粒子でも波でもあるものの真の姿

図2-5 電子の干渉実験

⬇➡電子を１個ずつ撃ち出したときでも、スリットが２つとも開いているときには干渉縞が現れる。

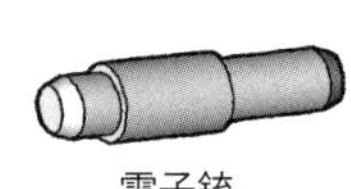

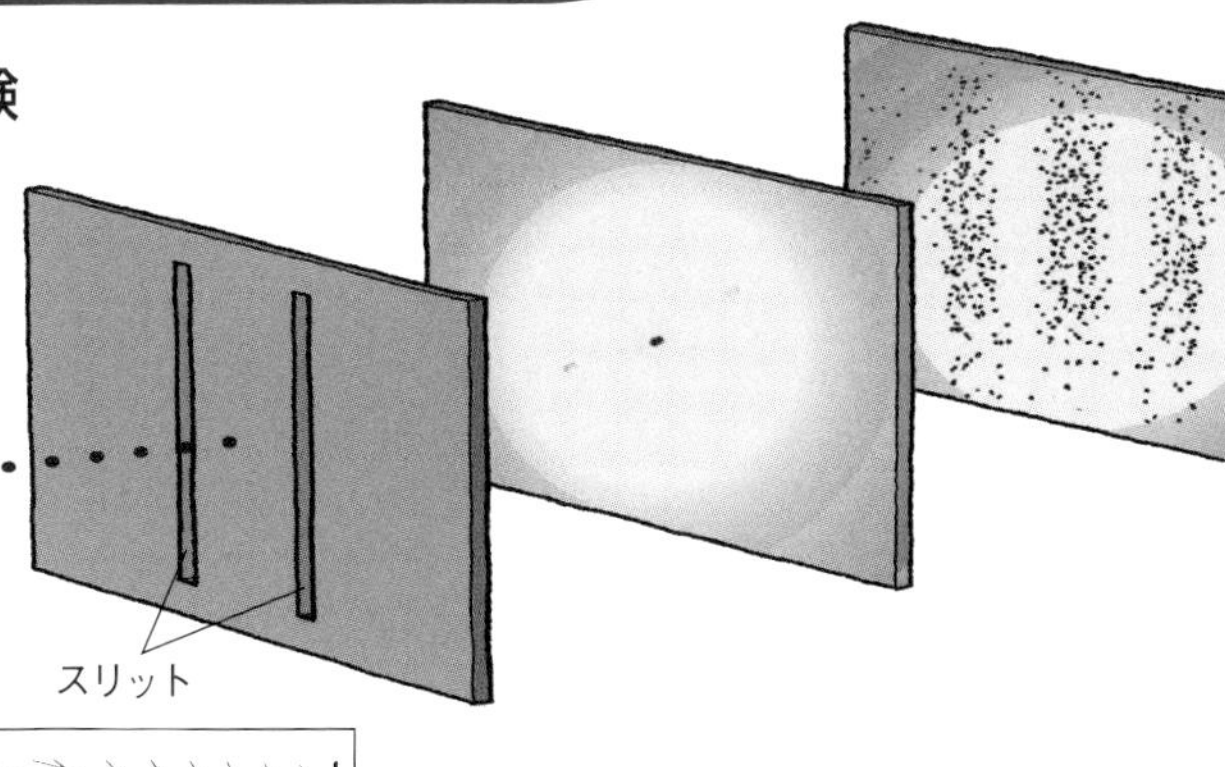

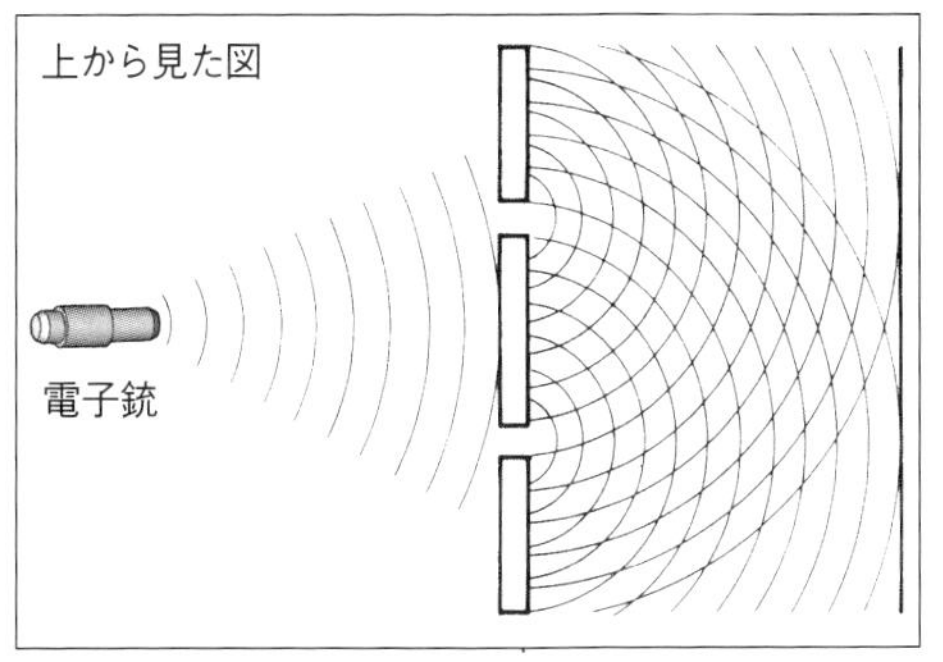

合う。

　ところが問題は、**電子を1個ずつ撃ち出しても干渉縞が現れる**ということであった。奇妙に思った物理学者が、撃ち出された電子の軌跡を追った。するとこのときには干渉縞は現れない。これはいったいどういうことか？

物理学者は煙にまかれた心地であった。

　電子が1個でも干渉する？　干渉し合う相手が存在しないのに、なぜ干渉縞が現れるのか？　さらに、人間が観察しているときに干渉縞が現れないのはどうしてか？

　これは量子力学の根幹にかかわる問題であった。後の物理学者たちは、この理論が示唆するほとんどあり得ないような結論に眼をむいた。電子は自身が進むことのできる**あらゆる経路を〝同時に〟通る**（74ページも参照）。そして**〝自分自身〟と干渉し合う**のである。

　これは、われわれの日常感覚からも古典的な物理学からもかけ離れている。ひとつの粒子がさまざまな場所に同時に存在するというのだから。もちろんオカルト的な分身の術などではない。しかもこれは、理論上の問題ではなく、現実に干渉縞が証拠として現れている。

　そしてつい最近になり、この日本である出来事が起こった。広島大学の准教授**ホフマン・ホルガ**（ホフマンが姓）が、量子は真空中で自身と干渉し合うため、まっすぐには進まないことを示した。その結果、**量子はニュートン力学の第1法則（慣性の法則）を破る**ことがわかったというのである。これは、量子の実像がいまだ謎に満ちていることを示している。■

ハイゼンベルクとシュレーディンガーの挑戦

だれが量子論をつくったか？

3

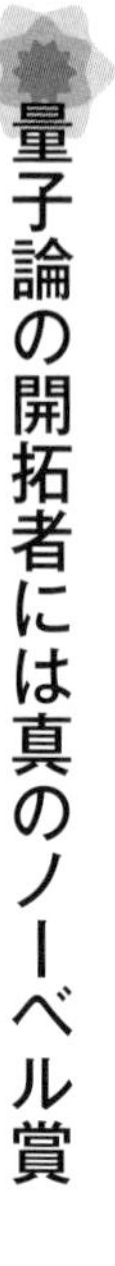

量子論の開拓者には真のノーベル賞

量子論の歴史はそのまま、初期のノーベル賞の歴史でもある。20世紀前半の物理学賞の受賞者には、量子論に貢献した科学者たちがずらりと居並んでいる。

この理論が開拓され発展した時期には謎が謎を呼んだ。ようやくひとつの問題を解決したかと見ると、すぐに新たな謎が浮かび上がったのだ。その過程では、**アインシュタイン**をはじめ、**マックス・プランク**、**ニールス・ボーア**、**ド・ブロイ**等々、当時のもっともすぐれた科学者たちが積極的に、あるいは意図せずして量子論の構築に貢献することになった。

ちなみに、意外に思われそうだが、アインシュタインの**相対性理論**は20世紀前半のノーベル賞では影が薄かった。この理論は20世紀後半以降になって天体物理学において重要度が増し、理論を検証する観測が受賞対象となった。★2 肝心のアインシュタインの主要な受賞理由（1921年）も、相対論ではなく「**光量子説**」（67ページ参照）である。もっともアインシュタイン本人は、受賞講演で相対性理論について語ったのだったが。

こうした量子論の功労者たちの中で、量子を具体的に扱う数学的枠組みをつくり出し、**量子力学**の骨格を生み出したのが、オーストリアのベテラン物理学者**エルヴィン・シュレーディンガー**とドイツの若き**ヴェルナー・ハイゼンベルク**であった（**図2-6**）。彼らはまったく別の方向からこの問題に取り組んだが、そこから描き出したものは同じであった。

ハイゼンベルクは「**行列**」という数学的手法を使って

だれが量子論をつくったか？

図2-6 ⬆量子力学の基礎を築いたシュレーディンガー（左）とハイゼンベルク。
写真：左・Max-Planck-Gesellschaft、右・AIP Niels Bohr Library／矢沢サイエンスオフィス

量子を表現した。これはもともと、観測可能な物理量（質量、時間、電荷など）を数値的に表す試みから始まった。その結果、単純な波を示す関数やその数値を表のように配置したものが生まれた。これがハイゼンベルクの「**行列力学**」である（72ページ**図2－7**）。

　他方、シュレーディンガーは**量子の波**に注目し、それ以前の力学による古典的な波の表現を参考にして、量子の状態を表す方程式をつくり出した。これは光や音の波の伝わり方を表す方程式に似ていたことから、量子の「**波動方程式**」とか「**シュレーディンガー方程式**」と呼ばれることになった（**図2－8**）。この方程式は複数の量子も扱うことができ、現在でも量子力学の中枢となっている。

粒子が空間を〝波〟で満たすって？

　シュレーディンガー方程式は、電子などの量子のふるまいをよく表していた。だがその中に出てくる〝波動〟

★2　20世紀前半に相対論関連でノーベル賞を授与されたのはアルバート・マイケルソンの光干渉計の発明とポール・ディラックの相対論的波動方程式だが、マイケルソンの受賞理由は光速の問題ではなく、精密な計測技術であった。20世紀後半以降に星の重力崩壊、連星パルサー、重力波等の一般相対性理論から予測される天体現象の観測に授与されている。

が物理学者たちの疑問を誘った。〝**電子の波**〟とは、物理学的にどういう状態のことなのか？

シュレーディンガーにとって波動方程式は、古典物理学への回帰であった。彼は自らの波動方程式で、**電子がいわば波のように空間を満たす**状態を想定した。質量や電荷が連続的に分布するイメージである。

他方、他の物理学者たちは「それはあり得ない」と考えた。というのも、当時の写真撮影に使われていた写真乾板やスクリーンで観測される**電子はあくまで1個の点**であり、それらがぼうっと広がったり、いくつかに分割されたりすることなどなかったからだ。

では連続的に広がる波のような波動方程式はなぜ、現実の電子を忠実に写しとったように見えるのか？

ハイゼンベルクの師で、行列力学を数学的に定式化し

図2-7 ハイゼンベルクの「行列力学」

$$
\begin{array}{ccccc}
v_{11} & v_{12} & v_{13} & \cdots & \cdots \\
v_{21} & v_{22} & v_{23} & \cdots & \cdots \\
v_{31} & v_{32} & v_{33} & \cdots & \cdots \\
\cdots & \cdots & \cdots & \cdots & \cdots \\
\cdots & \cdots & \cdots & \cdots & \cdots
\end{array}
$$

⬆ハイゼンベルクは、量子の位置や運動量などの観測値がどう変化するかに注目し、行列力学を生み出した。行列（図）ではかけ合わせる順番が違うと答えも変化する。

図2-8 シュレーディンガーの「波動方程式」

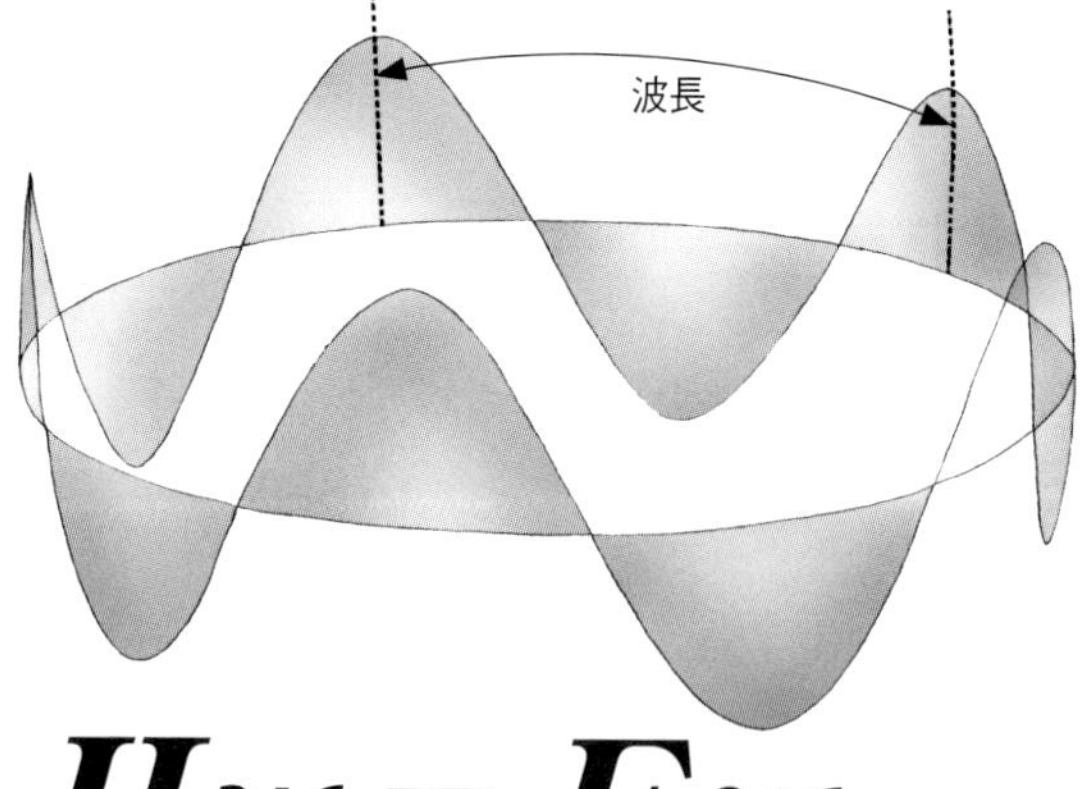

$$H\psi = E\psi$$

ψ（プサイ）：波動関数
E：エネルギー固有値
H：ハミルトニアン（位置と運動量の関数）

⬆原子中の電子が特定のエネルギーしかもたない理由は、電子がもつ波の性質（上）により説明できる。シュレーディンガーはこうした物質波の法則を波動方程式（下）で表した。式はもっとも単純化したもの。

た**マックス・ボルン**（図2－9）もまた、この問題に精力的に取り組んだ。彼が大きく一歩踏み出すきっかけは1925年にアメリカの大学に招待されたときにアインシュタインと交わした会話であった。

当時、アインシュタインもまた波と粒子の二重性について研究していた。ただし、彼の関心は光子に向けられていた。光の波のある1点をとり、その振幅を2乗すると、それはその場所の光の強さを表す。そこでアインシュタインは、**波の振幅の2乗は、光子がその位置に〝粒子として存在する確率〟**になると考えたのである。

図2-9 ⬅ハイゼンベルクの師マックス・ボルンは量子の確率解釈を提出し、物議を醸した。写真：AIP Niels Bohr Library／矢沢サイエンスオフィス

ボルンはこの仮定を電子に当てはめることにした。つまり、波動方程式に現れる波動関数は、粒子の波を表すと考えられる。そこで**波動関数の絶対値の2乗**★3**が粒子の存在確率**と仮定したのだ。これが「**確率解釈**」と呼ばれるものである。

確率解釈は、量子力学を奇妙で理解しがたいものにする最大の要因のひとつである。というのも、これはサイコロで特定の目が出る確率や遠方で知人と会う確率などとはまったく異なるからだ。

日常生活における確率は、結果的に目が出るか出ないか、会うか会わないかであり、中間はない。ポケットの100円玉を例にとれば、ポケットから100円玉がなくなれば、それは歩いてきた道筋で落とした確率が高い。しかし落とした100円玉は、それをみつける前もみつけたときと同じ場所にある。だれかが知らずに蹴ったり拾ったりしなければ。

しかし量子力学ではそうではない。量子は、それを観測する前にどこか決まった場所にいるわけではない。**観測した瞬間に〝波束が収縮〟して、そこに量子が存在するようになる**と主張するのである。

だが、波動方程式を生み出したシュレーディンガーは、このような不明な見方には納得しなかった。そして彼は、次項で見るような「**シュレーディンガーのネコ**」のパラドックスを提示するのである。■

★3 **波動関数の絶対値**
絶対値とはマイナスの符号をはずした正味の値。波動関数には虚数（2乗してマイナスになる数）が含まれているが、絶対値をとるので必ずプラスとなる。なお虚数を含む数の絶対値はそれらを表す図（複素平面）における原点からの距離。

量子力学の〝重ね合わせ〟の世界

「シュレーディンガーのネコ」は生きている？

ネコは〝二重性〟をもつ動物か

たいていのネコは箱に入りたがる。小さめの箱がよいらしい。ときには自分の体より小さな箱にもはまり込む特技をもつネコは、あたかも液体のようでもある。固体でもあり液体でもあるようなネコ。そこで2017年の**イグ・ノーベル物理学賞**は**ネコのこの〝二重性〟**に与えられた。

しかし物理学の世界で箱の中のネコが取り沙汰されたのはこれがはじめてではない。1935年に科学者たちが別のネコ問題について真剣に語り合った。それは、箱の中のネコの〝**生と死の重ね合わせ**〟についてだ。

少し専門ぽい表現を使うと、量子力学の分野では、「粒子（量子）の**波動関数**（正確にはその絶対値の2乗）は、粒子がある時間にある位置に存在する確率を示す」とされている。これは「**確率分布**」と呼ばれる。だれにとっても量子力学がわかりにくいのは、この確率分布という用語や概念の故である。

少しくわしく言うと、もし粒子が波であって量子力学の**波動方程式**にしたがうとすると、観測する前のその粒子は、特定の場所に存在するのではなく、空間に〝広がって〟存在する。広がって、とは（波動関数が示す空間の）あそこにもあり同時にここにもある状態である。そしてだれかがその粒子を観測した瞬間に一点に縮むとい

量子力学の“重ね合わせ”の世界

うのだ。これは「**波束の収縮**」などと呼ばれている。

だがわれわれにそんな奇妙な状態の粒子を理解できるだろうか？　この見方でいくと、人間や物体の状態が観測の前と後で異なることになってしまう。これでは念力で事物を動かす〝テレコキネシス〟のようだ。近代以降の自然科学はこうしたオカルト的な存在や現象を根本から否定してきたはずである。

科学では〝**客観**〟**こそが真実**であり、つねに一歩も十歩もひいて対象を観測しなくてはならない。動物のような観察対象なら人間が近づくだけで逃げ去るかもしれない。だが無生物は、外部から物理的に干渉しないかぎり、観測の有無で変化したりはしないことを前提としている。

波動方程式を提出した**シュレーディンガー**（アインシュタインも）は、観測が対象を変化させるとする見方には決して納得しなかった。そこでシュレーディンガーは**ネコの思考実験**を考案したのである（図2－10）。

図2-10　シュレーディンガーのネコ

⬆量子力学の確率が支配する箱の中では、ネコは生と死が重なり合っている？
作図：細江道義

生と死の〝重ね合わせ〟とは？

箱の中にネコが閉じ込められている。箱の中には毒薬もあり、その毒薬のふたは〝確率的な現象〟によって開くしくみになっている。確率的現象とは、たとえば放射性元素が放射線を出す現象などだ。

1個の放射性元素の原子がいつ放射線を出すかは確率でしかわからない。もし1時間以内に放射線が放出される確率が50％なら、装置のしくみが働いて毒薬が流れ出て箱の内部に満ちる確率も50％である。この場合、ネコを箱に入れてから1時間後にそのネコが死んでいる確率は50％である。ネコが生きているかどうかは箱を開けてはじめてわかることになる（こうした実験を安直に思いつくのは、たとえ比喩であれ動物の生命を実験材料としか見ない科学者の精神構造の表れでもある)。

もし確率解釈が正しければ、ネコが死ぬ確率が50%なら、箱を開ける直前までネコは生き、かつ死んでいる。そして箱を開けた瞬間にどちらかの状態に収束することになる。シュレーディンガーはそんなばかなことはあり得ないと論じた。箱を開ける前でもネコは当然、生きているか死んでいるかのどちらかのはずだと——

だが、いくら奇妙であっても、理論的かつ実験的に「量子論の確率解釈はもっとも整合性がとれた理論だ」と見ていた**ニールス・ボーア**や**ハイゼンベルク**のような物理学者たちは、そうは考えなかった。彼らは「ネコは生きている状態であり死んでいる状態でもある」と主張した。つまり、**2つの相容れない状態が〝重なり合っている〟**というのだ。そんな奇妙なことが現実にあり得るのか?

シュレーディンガーは納得しなかった。彼はそれ以前にもデンマークのコペンハーゲンに招かれて、ボーアと量子の〝波動〟について議論したことがあった。議論は白熱し、ついにシュレーディンガーは体調を崩してボーアの家で寝込んでしまった。しかしボーアが彼を見舞うと、議論は再燃して尽きることがなく、同様のことがふたたび起こった。

ボーアやハイゼンベルクが実験と理論は**奇妙であってもそのまま受け入れるべき**だと考えたのに対し、シュレーディンガーやアインシュタインは、自分たちが**実験の背後にある何かを見逃している**ため、量子力学的現象が理解しがたく奇妙に見えるのだ、と主張した。

では現在ではその答えはみつかったのか? 少なくともミクロの現象については〝重ね合わせ〟が起こり得ることは明らかになっている。また、多数の粒子が1個の量子のように見える現象(**ボース=アインシュタイン凝縮**。★4 **図2-11**)でも、重ね合わせ状態が確認されている。しかしこの問題にはまだ多くの謎がつきまとったままである。■

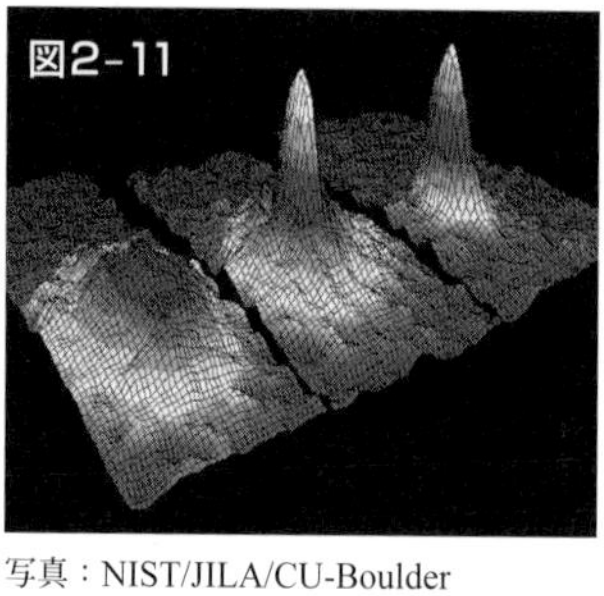

図2-11

写真：NIST/JILA/CU-Boulder

★4 ボース=アインシュタイン凝縮
光子のような粒子(ボース粒子)は極低温で最低のエネルギー状態に落ち込む。これにより粒子の集団が完全に同期してひとつの粒子のようにふるまう現象をいい、この〝巨大粒子〟は量子力学に従う。インドのサティエンドラ・ボースがボース粒子の統計的な法則を示し、これをもとにアインシュタインが1925年にこの凝縮現象を予言した。写真はルビジウム原子の凝縮(中央、右)。

COLUMN

量子コンピューターは21世紀科学の主役?

図2-13 ⬆“重ね合わせ”の世界では、これらすべての数字の連なりがたった4個の量子で表現できる。

読者も今日から「**量子コンピューター**」でさまざまな計算を楽しむことができる。インターネットを通じてだれでもこの新しいコンピューターを利用できるようになったのだ。

すでにカナダのD-WAVE社をはじめとして、国内外で量子コンピューターが開発されているが、2016年にはIBMが世界ではじめて量子コンピューターをインターネットのウェブサイトで公開した。

量子コンピューターとはそもそもどんなものか？ 1982年、アメリカの物理学者**リチャード・ファインマン**（**図2-12**）は、**量子の“重ね合わせ”**を利用すれば、非常に効率のよいコンピューターができるはずと提案した。

コンピューターは通常、2進法（0と1の組み合わせ）で計算を行う。“オン”と“オフ”のスイッチのようなものだ。ところが量子コンピューターはこの**0と1を量子1個のみで表現する**。量子は複数の状態を同時にとるためだ。たとえば量子の回転方向なら、時計まわりと反時計まわりの状態が奇妙にも重なり合うのだ（78ページ記事参照）。

図2-12 ⬆リチャード・ファインマン。写真：AIP/矢沢サイエンスオフィス

通常のコンピューターでは、2進法でたとえば4桁の数（10進法で0から15）をすべて表すには64個のスイッチ（素子）が必要になる。だが量子コンピューターでは1個の量子に0と1が同居するので、4桁の数なら量子4個で表現できる。

複雑な計算になるほどその差は歴然とする。2進法で10桁の数値をすべて表すには、**通常のコンピューターなら1万個以上のスイッチが必要だが、量子素子（キュービット）ならわずか10個でよい**。このことが量子コンピューターの計算速度を飛躍的に高める。さまざまな数値をあてはめて最適な解を求めるような計算でも、一度にできてしまうからだ。

このコンピューターは計算法でも量子力学が主役となる。たとえば目的に合わせてレーザーパルスを当てると、条件に合う量子だけ状態が変化し、答えが確率で示される。

量子コンピューターの**処理能力は最先端のスーパーコンピューターの1億倍**、消費電力は500分の1ともいわれる。このコンピューターはどんな問題でも処理できるわけではないが、多数の取引先をどのように巡回すれば効率的かという「巡回セールスマン問題」や、新薬の設計、渋滞解消のための道路規制のあり方など、多分野での活躍が期待されている。

実在するものとしないものの間

アインシュタインはなぜ量子論を拒絶したか？

1000兆×1000万分の1の真実

〝実在〟とは何か——真の科学者はたいてい、この哲学的な問題に突き当たる。たとえばこの宇宙は本当に存在しているのか？　それをどう確かめるのか？

宇宙には1000億もの銀河が存在すると見られ、そのひとつひとつの銀河には数百億個からときには1兆個の太陽のような星々（恒星）が存在すると見られている。宇宙全体で考えるなら1000兆×1000万個かそれ以上の恒星が存在することになる。われわれの住む太陽系は、浜の真砂のような無数の星々のうちのたった1個の恒星をめぐる惑星系にすぎず、さらにわれわれはその太陽系の内部すら断片的にしか知っていない。

しかも、138億年とされる宇宙の歴史の中で、人類が生きてきたのはたった数百万年であり、**自然科学的な見方**が生まれたのはせいぜい数千年前にすぎない。太陽系外の宇宙を観

図2-14 ⬆コペンハーゲンにあるニールス・ボーア研究所（コペンハーゲン大学）。1921年の設立以来、量子力学構築の中心地となった。
写真：Thue／Creative Commons

量子論を拒絶したアインシュタイン

図2-15 ⬆1929年、ニールス・ボーア研究所で開かれたコペンハーゲン会議。ニールス・ボーア（左端）のほか、ヴェルナー・ハイゼンベルク、ヴォルフガンク・パウリなどの量子力学に携わった多く物理学者が並んでいる。 写真：AIP/矢沢サイエンスオフィス

測する天文学にいたっては、この数十年間でこれまでのほぼすべての観測を行ったともいってよい。

つまりわれわれ人間が実際に知っているのは、宇宙の中のあまりにもわずかな空間とわずかな時間の微々たる情報のみである。

それでも人間は、地球上で得られる小さな手がかりをたよりに宇宙全体について知ろうとしてきた。宇宙全体を探査することはとうてい不可能でも、宇宙は書き割りに描かれた絵や蜃気楼などではなく、実在し実存するものだと当然のように信じてきた。

アインシュタインにとっても〝実在〟はきわめて重要であった。彼にとって実在は科学的な理論で厳密に位置づけられるはずのものであった。そして、個々の存在は**〝時間と空間〟**の中で**〝因果律〟**（**すべての物事には原因があって結果がある**＝因果関係）をもつはずであり、そのような物理理論が必要だと考えていたのである。

ところが、**量子力学**はこうした〝実在〟の概念を大きく揺るがせるものであった（80ページ**表2-1**）。量子力学ではあたりまえのような概念である**〝波と粒子の二重性〟**や**〝確率解釈〟**は、古典的な**ニュートン力学で見られた因果関係とはかけ離れている。**

表2-1 奇妙な量子力学

作成：矢沢サイエンスオフィス

①波と粒子の二重性	電子や光子などのミクロ（微小）な存在を量子という。量子は波の性質と粒子の性質をもち、これを波と粒子の二重性と呼ぶ。ここでいうミクロとは一般に原子より小さいものを指す。 量子が波としてふるまうときには粒子としては観察されず、粒子の性質を見せるときには波はとらえられない。こうして互いに排除する関係にあるものの、量子の状態や現象を完全に表現するにはどちらの性質も必要。ニールス・ボーアはこの性質を「相補性」と呼んだ。不確定性原理もまた量子の相補性の現れとされる。
②不連続性	量子が吸収・放出するエネルギーはとびとびである。これはエネルギーが実は光子のような粒子（量子）であるために生じる。ほかにスピンのような物理量も連続ではない（89ページ❶参照）。
③不確定性原理	ハイゼンベルクが示した量子の性質で、ミクロの粒子の位置と運動を同時に正確に測定することは原理的にできないというもの。ハイゼンベルクは観測という行為（顕微鏡は粒子に光子を衝突させて観測する）が粒子の状態を乱すため、どちらかの正確性が失われるとした。不確定性は量子がもつ“ゆらぎ”によるとする見方もある。
④確率解釈と“重ね合わせ”	マックス・ボルンは波動関数の絶対値の２乗は粒子の存在確率を示すと考えた（73ページ参照）。これを「確率解釈」と呼ぶ。ニュートン力学では運動の方向や力がわかれば、数秒後の粒子の位置を計算できるが、確率解釈にもとづけば量子ではそれは不可能である。また量子は観測するまでは波動関数がとり得るさまざまな状態にあるとする見方を“重ね合わせ”と呼ぶ。
⑤トンネル効果	量子がエネルギーの“壁”をすり抜ける現象。たとえば電場の中に電子を撃ち込んだとき、電子はあるエネルギー以上なら電場を通り抜ける。ニュートン力学によるとそのエネルギー未満の電子は電場を通り抜けられないが、実際にはまれに電場を通り抜ける電子が存在する。これは電子が波でもあるために起こる量子論的な現象で、トンネル効果と呼ばれる。江崎ダイオード（左ページ★5）やトンネル顕微鏡などこの効果を利用した装置も多い。
⑥排他原理	粒子はスピン（左ページ★6）の状態によりフェルミ粒子とボース粒子に大別される。電子などのフェルミ粒子は、同じ系（1個の原子内など）で他のフェルミ粒子とエネルギーやスピンの方向などの状態が一致する状態をとることはできない。これはスイスのヴォルフガンク・パウリが発見したため「パウリの排他原理」と呼ばれる。他方、ボース粒子は何個でも同じ状態をとることができる。
⑦非局所性（量子テレポーテーションなど）	宇宙では情報や力、物質は隣り合う空間を伝わるとされてきた。物質はその場所以外には存在しない（＝局所的）ためだ。しかし量子の情報は見かけ上、空間をとび越えて瞬時に伝わることがある。このように量子が遠方とも関係しあうことを「非局所性」と呼び、その存在は実験で証明されている。

量子論を拒絶したアインシュタイン

しかし**ニールス・ボーア**や**ハイゼンベルク**は、量子力学の奇妙さをまずは受け入れた。理論が無矛盾（矛盾するところがない）であり、さらにあらゆる実験結果が理論と一致する以上、どれほど納得しがたくても、「自然はそのように成立している」と考えざるを得ないというのだった。

観測前の粒子は波動関数が示す**無数の可能性の〝重ね合わせ状態〟**にあるとする不可解な見方や、量子のような**ミクロの存在の場所やエネルギーを正確に観測することは原理的にできない**こと自体が自然のありようだというのである。彼らのこうした量子力学の見方は、デンマークのコペンハーゲンにあるニールス・ボーアの研究所（**図2-14、15**）が中心になってつくられた（物理学の世界では〝理論が建設された〟などという）ため、「**コペンハーゲン解釈**」と呼ばれる。

これに対し、あくまで〝実在〟と〝因果律〟を重視していたアインシュタインは、あいまいさにあふれた量子力学をそう簡単に受け入れるわけにはいかなかった（**図2-16**）。彼は量子力学的解釈における矛盾をさまざまな形で指摘した。そのひとつが「E

図2-16 ⬆アインシュタインとニールス・ボーアが、量子力学の確率解釈をめぐって議論しながら歩いている。アインシュタインは生涯、確率解釈を認めなかった。

写真：AIP Niels Bohr Library／矢沢サイエンスオフィス

★5 江崎ダイオード（トンネルダイオード）
ダイオードとは電流を一方向にしか通さない電子素子のこと。1957年、江崎玲於奈（れおな）は不純物の多い半導体の研究からトンネル効果を利用したダイオード（江崎ダイオード）を発明した。このダイオードは十分な電圧がないとき電子が〝障壁〟を通り抜けるが、ある電圧以上になると逆にトンネル効果が小さくなり、電流が小さくなる。江崎はこの業績により1973年にノーベル物理学賞を受賞した。

★6 スピン
粒子のもつ基本的性質（量子力学的な自由度）のひとつで、回転角運動量に相当する。自然界のすべての粒子は整数または半整数のスピンをもつ。1対の電子では回転方向が互いに逆となる（上向き、下向きの矢印で表す）。

PRパラドックス」である。

情報が東京からパリに瞬時に伝わる？

コペンハーゲン解釈では、量子（表2-1）の状態は特定の状態にはなく、**だれかが観測した瞬間にその状態が決まる**と考える。すると関係しあう2個の量子は、一方の量子の状態が決定すると、はじめて他方の状態も決まるといったことが起こる。たとえば、2個の電子のうち一方の電子のスピン★6（自転のような性質）の方向が上向きの場合には、他方は必ず下向きになる（**図2-17**）。

つまり、コペンハーゲン解釈が正しければ、1個の電子のスピンを観測したときにはじめてもう一方のスピンの方向が決定する。これらの電子を遠方に（たとえば東京とパリのように）引き離してもそれは同じだという。これが事実なら、**1個の電子を観測したという情報が瞬時に（光速よりも速く！）はるか遠方に伝わる**ことになる。これではまるで**オカルト的な遠隔作用**だが（112ページも参照）。

この奇妙なパラドックスは、アインシュタインとボリス・ポドルスキー、ネイザン・ローゼンの3人によって考案されたので、彼らの頭文字から「EPRパラドックス」と呼ばれる。ボーアらはこのパラドックスをよく吟味し、理論的にはこのような矛盾が発生することを認めた。しかしボーアは、これは量子力学的な現象が「従来の自然科学の見方が本質的に不適当であることを露呈しているにすぎない」と述べている。ボーアは**実**

図2-17 **EPRパラドックス**

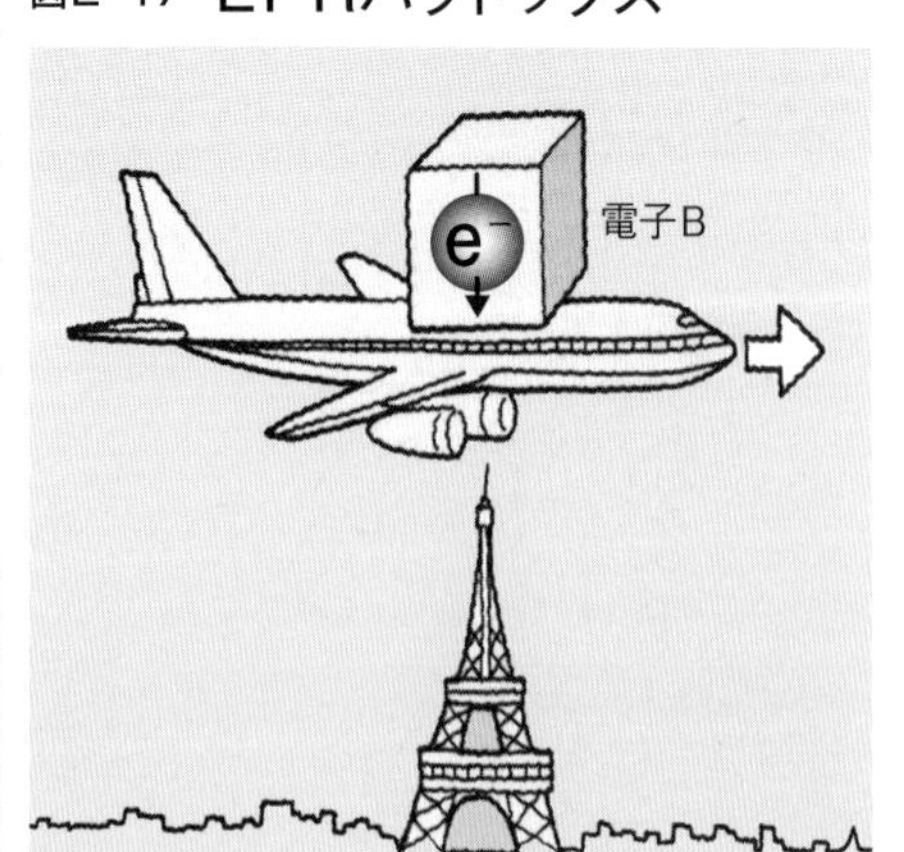

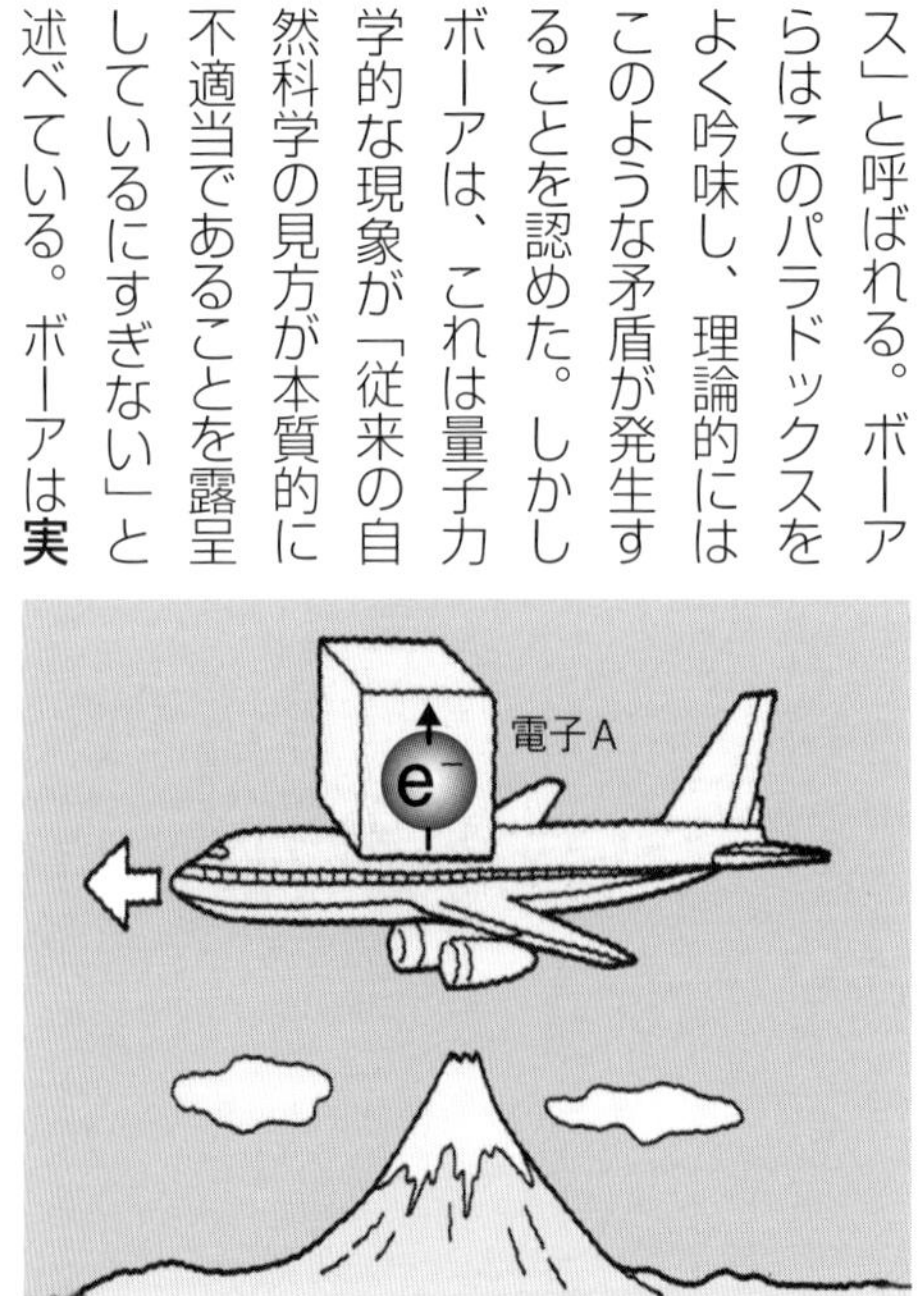

⬅⬆対になった電子はどれほど遠い距離に引き離されても、一方の電子が観測された途端、もう一方の電子が変化する。

図：矢沢サイエンスオフィス

在の意味を根本から見直すことを求めたのだ。
　当時、EPRパラドックスの実験は技術的に困難であり、最終的な決着は21世紀に持ち越された（114ページ参照）。その結果は実際にボーアらが正しかったことを示すものであった。

神はサイコロを振るのか？

　相対性理論のような革命的理論を発表したアインシュタインがなぜ量子力学を受け入れなかったのか？　彼はボーアと量子力学について議論しているとき、「**神がサイコロを振るなどと君たちは本当に思っているのか**」と問うたという。

　これに対しボーアは、「神がそうしないとあなたはなぜわかるのか」と反論した。

図2-18　⬅ピアノの前に座るエーレンフェストと息子、それにアインシュタイン。
写真：AIP/矢沢サイエンスオフィス

　議論のさなか、2人の友人でオーストリア出身の物理学者**パウル・エーレンフェスト**（図2-18）はアインシュタインがあまりに頑固な様子を見て、その態度は相対性理論に対する批判者そっくりだと冗談交じりに言ったという。エーレンフェストは2人の量子力学についての不一致が物理学の損失になることを案じて、2人を家に招いたこともあったほどだった（エーレンフェストはその後の1933年、ダウン症の息子を撃った後に自殺した）。

　しかしアインシュタインは、量子力学的な理論やその実験結果そのものを否定していたわけではない。彼は**量子力学は不完全**であり、ニュートン力学の前方に相対性理論が存在していたように、量子力学の前方にも新しい力学がみつかるのではないかと考えていたらしい。

　アインシュタインは「私の信じること（What I believe）」というエッセイでこう述べている。

「私たちが経験できる**もっともすばらしいことは不可思議なこと**である。それは真の芸術と科学の源泉となる」

　彼の視線の先には、**相対性理論と量子力学の統一**、そしてそこから生まれるであろう**完全な力学大系**があったのである。■

似ているようで違う理論の数々

量子論、量子力学、量子場理論はどう違うか？

6

量子論と量子力学は同じ？

本書には、「**量子論**」「**量子力学**」「**量子場理論（場の量子論）**」といったよく似た言葉が次々に登場する。いったいこれらは何がどう違うのか？

まず「量子論」とは、肉眼では見えないミクロな存在である量子（80ページ表の①も参照）についてのさまざまな理論全般をいう。**量子は波であるとともに粒子でもあるという〝二重性〟をもち**、そのふるまいはニュートン力学とはまったく異なる法則に従う。このような量子の性質やふるまい、量子どうしの間にはたらく力についての具体的な理論や法則が「量子力学」である。そして量子力学の中心的存在が「**波動方程式**」（70ページ記事参照）である。物質のさまざまな状態は、それらを量子と考えて波動方程式をつくると理解できることが多い。ちなみに初期の量子力学はおもに電子を対象とし、光子（電磁波）はうまく扱えなかったため、量子力学に光子の理論を含めないむきもある。

量子論と量子力学に明確な違いはない。量子論といったときに量子力学を指すこともあるが、茫漠と量子を扱う理論を示すこともある。この理論の歴史を追うときには、量子とは何かという概念の定義から始めることが多いため、たいてい量子論と呼ぶ。

他方、「**量子物理学**」はもう少し明確だ。これは物理学

量子論、量子力学、量子場理論の違い

の領域、すなわち固体や液体、原子等の物質としての性質（物性）やふるまい、運動の法則などを量子力学的な視点から探求する学問である。

ほかに「**量子化学**」や「**量子生物学**」などもある。量子化学はおもに分子について量子力学的な視点からその性質や反応性などを調べることだ。ノーベル化学賞を受賞した**福井謙一のフロンティア軌道論**★7は量子化学の代表的な成果といえる。元素の性質を根本から理解できるようにしたのも量子化学である。

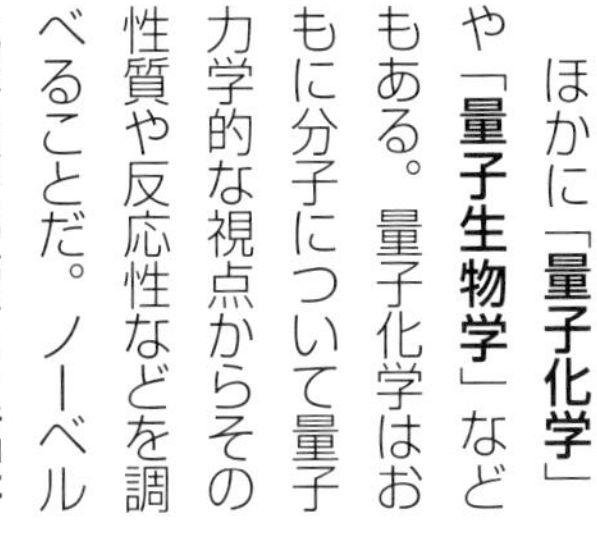

①　②　③　④

図2-19　脳の量子干渉

⬆ペンローズらによる意識発生のメカニズム。微小管をつくるたんぱく質は2つの状態をとりうる（黒と白）が、何らかのきっかけで両者の量子力学的な“重ね合わせ”（網部分）が広がる（図の②と③）。この重ね合わせが壊れて、黒か白のどちらかに状態が決定したときに意識が生じるという。　資料：S.Hameroff

量子生物学は、生命現象を量子力学的な視点で探る学問である。たとえば**DNA**（遺伝情報を担う巨大な分子）の内部を流れる電気は量子力学的なトンネル効果（80ページ参照）の可能性があるという。また**植物の光合成**では量子論的な重ね合わせが重要な役割を果たすとの報告もある。

イギリスの有名な数学者**ロジャー・ペンローズ**らは、「意識は、**脳のニューロン内の量子干渉**（粒子が〝波〟として広がりをもつために起こる干渉現象）によって生まれる」とする仮説を提出して、多くの生物学者を仰天させた（ニューロン＝脳神経細胞）。

ペンローズの仮説は、「脳のニューロン内を走る**微小**

★7　**フロンティア軌道論**
化学反応がどう起こるかについての量子力学的な法則。分子中の電子軌道のエネルギーの高さと電子密度をもとに、もっとも反応しやすい軌道（フロンティア軌道）を予測する。1952年に福井謙一が提唱し、81年にノーベル化学賞を受賞した。

★8　**微小管**
細胞の骨格となる細長い管。チューブリンというたんぱく質が必要時に集合して生じ、不要になるとばらばらになる。脳内では微小管上をモーターとなるたんぱく質が走り、物質を輸送している。細胞分裂時には微小管がそれぞれ染色体を両側から引き寄せる（左図）。

管[★8]で量子干渉が起こり、結果として周囲の時空が微小にゆがんで粒子の波が自己収縮し、それが意識を生じさせる」という聞くだに混乱する見方である（図2－19）。この仮説にはいまのところ確固とした裏付けがあるわけではないが、意識に何かしらの量子現象がかかわるかもしれないと考える研究者は少なくない。

図2-20 ⬆場の量子論を登場させたポール・ディラック。この理論は、相対性理論と量子論を統一する最初の試みとなった。
写真：AIP/矢沢サイエンスオフィス

〝粒子の海〟の理論

量子場理論あるいは「場の量子論」は、これらとは少々異なる。この理論はイギリスの物理学者**ポール・ディラック**（図2－20）が1920年代に創始した理論であり、電磁気力や重力などの**〝力〟や、それらが伝わる〝場（フィールド）〟**をも考察するものだ。そしてこの理論は、**相対性理論と量子論を統一するための最初の一歩**でもあった（くわしくは119ページコラム参照）。

量子力学的な場とは、粒子のことでもある。**マクスウェルの電磁場理論**では、力の方向と大きさを線（**力線**）で表す。そして、この力の〝振動〟がすなわち電磁波（光）であった。

電磁波はその後アインシュタインにより粒子でもあることが明らかになり、「**光量子（光子）**」とも呼ばれるようになった。これは、見方を変えれば、**力の伝播は粒子の動き**ともいえるということだ。こうした見方は「**量子化**」と呼ばれる。**〝力〟であるはずの電磁気力は、電子が光子を放出したり吸収したりする過程**だというのである。

とすれば、**力の場もまた電磁波と同じように量子化できる**ということである。電磁場は電磁気力を伝達する場であるが、これは粒子（光子や電子）がさまざまな相互作用をする場とも見ることができる。とすれば、場にはさまざまな粒子がつねにあふれていることになる。場はいわば**〝粒子の海〟**である。

このように場を量子化する理論を量子場理論（場の量子論）という。■

第3章
相対性理論と量子論の“対立”

写真：AIP

どこまで相性が悪いのか？
スムーズで連続的な「相対性理論」粒子がとびはねる「量子論」

1

相対性理論も量子論も現代社会に不可欠

高度2万kmを周回する**GPS衛星**（図3－1上）は〝現代人の文化的で快適な生活〟にはいまや欠かせない。だれもがカーナビやスマホの道案内で世話になり、土木測量には必須となり、ときには行方不明者の捜索や犯罪捜査にも用いられる。

GPSとは「**全地球測位システム**」を意味する英語の略であり、地球上の位置を精度高く測定するため、アメリカが軍事用に開発したものだ（民生用は精度を低下させている）。現在ではヨーロッパ、ロシア、中国、日本なども、同じ機能をもつ人工衛星を打ち上げている。

GPS衛星には、きわめて高精度の**原子時計**（図3－1下）が搭載されている。そしてその精度を守るために不可欠となっているのが「**量子論（量子力学）**」と「**相対性理論（相対論）**」である。

原子時計は、原子中の電子のエネルギーの変化という量子力学的現象を利用している。この電子は必ず決まった周波数の電磁波を吸収するので、これを時計の時間調整に利用する。

他方、GPS衛星に搭載された原子時計は、相対論的効果のために時間の流れが地表とは異なっている。これは、GPS衛星の地球周回速度（秒速約3・9km）が地球の自転によって動く地表面の速度とは異なるうえ、地

どこまで相性が悪いのか？

表とは重力の大きさが異なっているためだ。つまりGPSの時計の進み方は、特殊相対性理論と一般相対性理論の両方によってたえず〝補正〟しなくてはならない。こうしてGPS衛星の原子時計は、1秒あたり約100億分の1秒の補正を行っている。

量子論も相対性理論も、ある意味で〝極端な理論〟だ。ニュートン力学などの古典力学のような身近さはなく、そこからはみ出し、われわれの常識では説明できないものを扱っている。

たとえば特殊相対性理論は、光速に近い速度で運動する物体が対象となる。だが光速に近い物体など、われわれはほとんど想像することもできない。人間は鏡の前に立ったとたん、鏡の中に自分の姿が見える。だが実際には鏡に姿が映る前に、鏡と自分の間を光が往復しているのである。ただ光が速すぎるため、われわれはその時間を感知することができない。

宇宙を航行するロケット（探査機）でも、最大速度は秒速数十kmにすぎない。たとえば、先ごろ土星の内部に突入して永遠に姿を消したNASAの**土星探査機カッシーニ**（90ページ図3-2）の太陽に対する速度は最大でも秒速44kmだった。秒速30万kmの光速の6800分の1でしかない。

他方、量子力学は人間の眼に見えないほどの小さなものを対象としている。電子顕微鏡でさえ見えない原子や電子などだ。

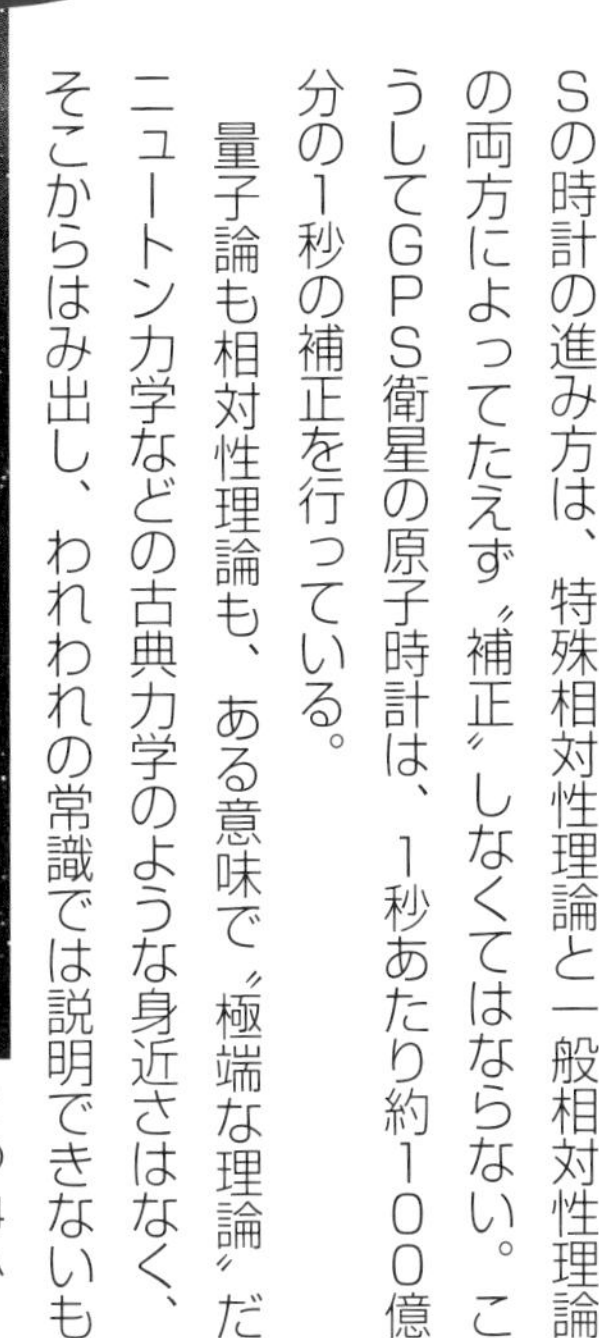

図3-1 ⬅⬆地球を周回する30基以上のGPS衛星。左は2004年に開発された極小サイズの原子時計。

1 なめらかで連続的な相対論 VS すべてがとびとびの量子論

ふだんの生活で体感できないとしても、さきほどのGPS衛星に見るように、相対

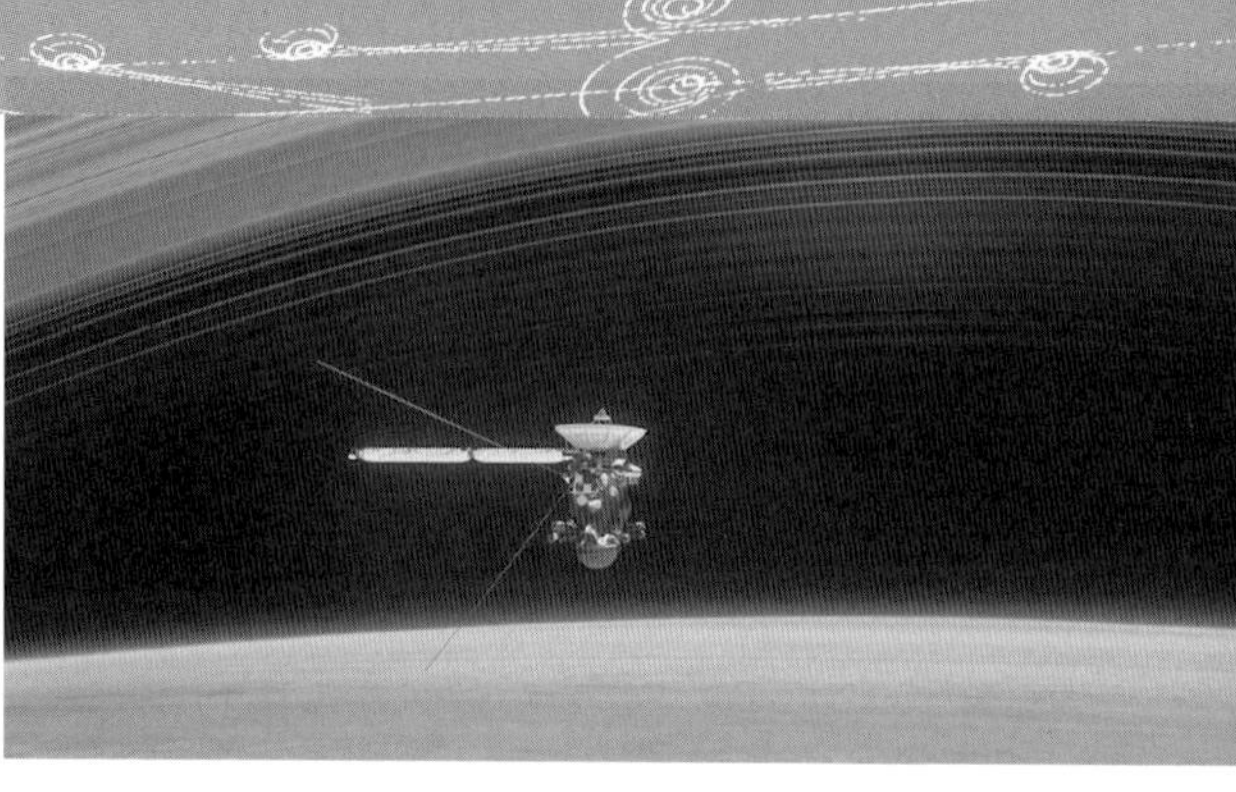

図3-2 ➡人造物としては最大級のスピードで飛行したカッシーニも光速にははるかに及ばない。　写真／NASA/JPL-Caltech

性理論も量子論も、すでに現代社会にはなくてはならないものとなっている。ところが、量子論と相対性理論は互いをほとんど無視しているだけでなく、相容れないのである。

相対性理論は時空の理論である。そこでは**光速を絶対的な"ものさし"**として、これを基準に時間や空間が伸びたり縮んだりする。それは**連続的でなめらかな変化であり、空間や時間がとぎれることはない**。

他方、**量子論ではものごとは"不連続"**だ。粒子のエネルギーはとびとびの値しかとることができない。粒子のスピン（粒子の自転のようなもの。81ページ★6）は整数か半整数（½、⅔…）で、その中間はない。さらには1個の粒子の"無数の可能性"が、だれかが一瞬観測することによって突如ひとつの状態に"収束"したりする。

2 事象が確固として存在する相対論 VS すべてがゆらぐ量子論

相対性理論ではこの世の事象はゆがんだり伸び縮みしたりはするものの、たしかにそこに**事象は存在する**し、突如変化したり消えてなくなったりはしない。これに対して量子の世界では、エネルギーも粒子も**すべての存在がゆらいでいて**、確実なものは何も存在しない。

3 時空が伸び縮みする相対論 VS ニュートン的時空の量子論

量子論は、時空の考え方も相対性理論とは異なる。量子論では基本的に**時間はニュートン力学的に一定に流れるとみなしており、空間も伸び縮みしたり変形したりはしない**（相対論的量子論をのぞく。119ページコラム参照）。幸いなことに量子の世界で、特殊相対性理論が必要になるほど高速に動くものはまれだ。原子中の電子の速度は秒速2000kmほどとたしかに高速ではあるものの、光速に比べれば100分の1ほどでしかなく、原子時計ほどの精度が必要でないなら無視してもよい。

4 140億光年の宇宙を見る相対論 VS ミクロの世界を見る量子力学

相対性理論は、超高速で運動する物体や、非常に大き

どこまで相性が悪いのか？

な質量をもつ物体を扱う。そのため、**相対性理論は地球上よりむしろ宇宙の天体や宇宙そのものについて議論するときに利用される。**

現在の〝膨張する宇宙〟の見方は相対性理論から導かれたものであり、ブラックホールなどの天体も相対性理論でしか説明できない（宇宙論やブラックホールの量子的視点については92、98ページ記事参照）。

これに対して、**量子論が扱うのはきわめて微小な世界**である。そこでは、原子よりも小さな存在のふるまいが主役だ。ネコや人間や天体のような〝マクロな（大きい）存在〟（図3－3）には量子論は基本的に適用されない。量子論が扱う物質の質量はきわめて小さいため、重力場をゆがめる効果もごくごく微小となる。そのため、量子論に一般相対性理論が必要になることはまずないのだ。

5 〝場〟が時空にそなわる相対論 VS 場を〝粒子の海〟と見る量子論

相対性理論と量子論で時空の見方が異なるように、〝場〟の見方も異なっている。**場とは、物体が力を伝達する概念的な空間**である。電力や磁力は電磁場という場を通して伝わり、電磁場の各点の状態は力の伝達にともなって変化する。

相対性理論では、場は時空にそなわった性質である。一般相対性理論は、物体の質量による**時空のゆがみそのものが重力**であると述べている。ブラックホールどうしが衝突して発生する重力波も、空間の伸び縮みだというのである。

図3-3 ⬆人間や恐竜は“マクロな存在”であり、その動きや性質に量子論は適用されない。

これに対して量子論では、**場は〝粒子の群れ〟**として示される。場では粒子が生まれたり消えたりし、さまざまな**粒子が交換されることによって力が伝達される**。たとえば電磁気力は光子の交換によって生じると見ることができる。

ところが、このような**量子論的な場の理論（場の量子論）では、重力がどんなものかを説明することができない**。この理論で重力を説明しようとすると、とたんにこの理論は破綻してしまうのだ（くわしくは119ページ参照）。重力は一般相対性理論によって説明される力なので、重力を量子論的に説明することができないかぎり、両者の統一はありえないのである。■

2

相対性理論が予言した「ビッグバン宇宙」に立ちはだかる壁

宇宙の真の始まりはまだクエスチョンのまま？

相対性理論の勝ち、ニュートン力学の負け？

相対性理論が、自然界についての人間の理解を大転換させた最大の事例が、宇宙の見方であろう。いまから140億年ほど前、〝**何もないところ**〟から突如、大爆発によって宇宙は生まれ、その超高エネルギーの小さな宇宙が膨張しながら進化して現在の宇宙になった――「**ビッグバン宇宙論**」と呼ばれるこの理論は、たしかに**相対性理論の産物**である（**図3－5**）。

この宇宙論が生まれる前の20世紀前半までには、さまざまな天文学的発見が重ねられていた（もっとも重大な発見については95ページ**コラム**参照）。しかし個々の発見をいくら積み重ねても、そこから宇宙論、すなわち**宇宙の誕生や進化の全容**を導き出すことはできない。こうした発見と、最終的にアインシュタインの特殊相対性理論と一般相対性理論、それに量子論が合体することによって、現在のビッグバン宇宙論が生み出されたのだ。

最初に〝宇宙が膨張している〟可能性を指摘したのは、

図3-4 ⬆宇宙膨張を前提にしたビッグバン宇宙論の提唱者ベルギーのジョルジュ・ルメートル。衣服からもわかるように、彼は物理学者であると同時にカソリック教会の神父でもあった。写真：AIP／矢沢サイエンスオフィス

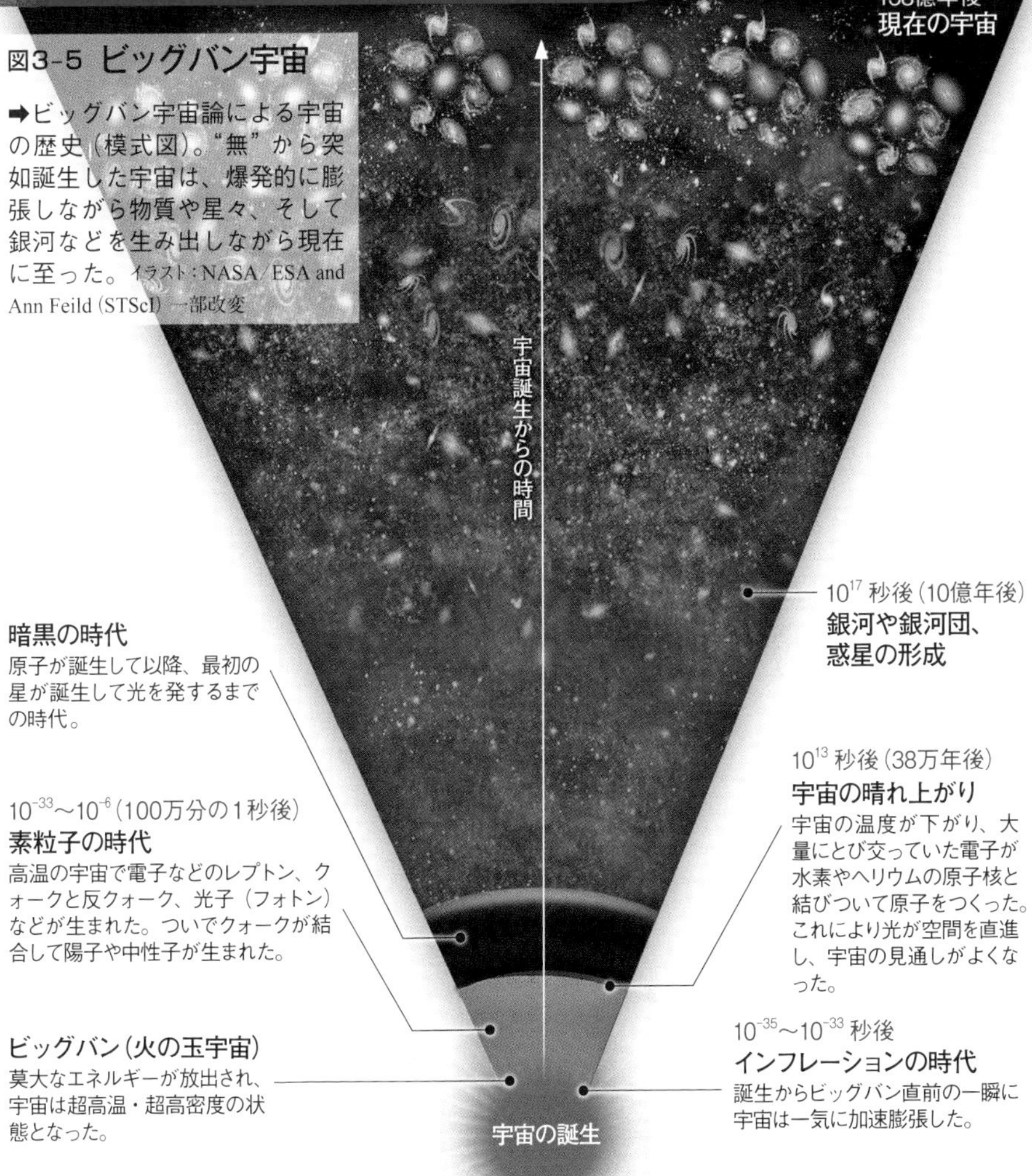

図3-5 ビッグバン宇宙

➡ビッグバン宇宙論による宇宙の歴史（模式図）。"無"から突如誕生した宇宙は、爆発的に膨張しながら物質や星々、そして銀河などを生み出しながら現在に至った。イラスト：NASA/ESA and Ann Feild (STScI) 一部改変

138億年後
現在の宇宙

宇宙誕生からの時間

10^{17} 秒後（10億年後）
銀河や銀河団、惑星の形成

暗黒の時代
原子が誕生して以降、最初の星が誕生して光を発するまでの時代。

10^{13} 秒後（38万年後）
宇宙の晴れ上がり
宇宙の温度が下がり、大量にとび交っていた電子が水素やヘリウムの原子核と結びついて原子をつくった。これにより光が空間を直進し、宇宙の見通しがよくなった。

10^{-33}～10^{-6}（100万分の1秒後）
素粒子の時代
高温の宇宙で電子などのレプトン、クォークと反クォーク、光子（フォトン）などが生まれた。ついでクォークが結合して陽子や中性子が生まれた。

10^{-35}～10^{-33} 秒後
インフレーションの時代
誕生からビッグバン直前の一瞬に宇宙は一気に加速膨張した。

ビッグバン（火の玉宇宙）
莫大なエネルギーが放出され、宇宙は超高温・超高密度の状態となった。

宇宙の誕生

ベルギーの物理学者**ジョルジュ・ルメートル**（図3-4）である。ルメートルは、宇宙の時空について**一般相対性理論の方程式**を解くと、宇宙はしだいに膨張するという解（答え）が存在することを見いだした。それだけではない。彼は、その膨張を逆に過去へ過去へとさかのぼると宇宙はどんどん小さくなり、**ついには"点"となってしまう**ことにも気づいたのだ。

つまり宇宙は点のような状態から生まれ、膨張しながら星々や銀河を生み出し、ついにいまわれわれが観測するような姿になったというのである。この見方が後に、他の物理学者や天文学者の貢献によって、ビッグバン宇宙論へと発展していくことになる。

もしここで**ニュートンの重力理論を用いると、宇宙の誕生を説明することはまったくできない。**ニュートン力学では、重力は離れた物質（質量）どうしの間にはたらく**引力**とされている。だがこれでは、宇宙の物質が完全に均一に広がり、また宇宙がすべての方向に無限に広がっているのでないかぎり（そんなことはあるはずもない）、宇宙をつくっているすべての物質は、どこかにあるかもしれない中心の一点に一気に落ち込んでしまう。これでは、広がりをもって膨張する宇宙が出現するはずはない。**宇宙の姿を見るかぎり、相対性理論は正しく、ニュートン力学は無力**なのだ。

宇宙の進化の過程でとりわけ重要な役割を果たしたのが、相対性理論が定義する「**重力**」である。宇宙のスケールでは重力の作用が圧倒的に優勢だからである。初期の超高温の宇宙では、エネルギーと物質が渾然一体となっていたが（両者は特殊相対性理論によれば〝同じ〟ものである）、その後、宇宙が冷えて物質の状態が安定すると、それらは重力によって引き寄せられ、星や銀河をつくり出したと考えることができる。

ちなみに、宇宙誕生の最初の段階で物質がどのように

図3-7 ハッブルの法則

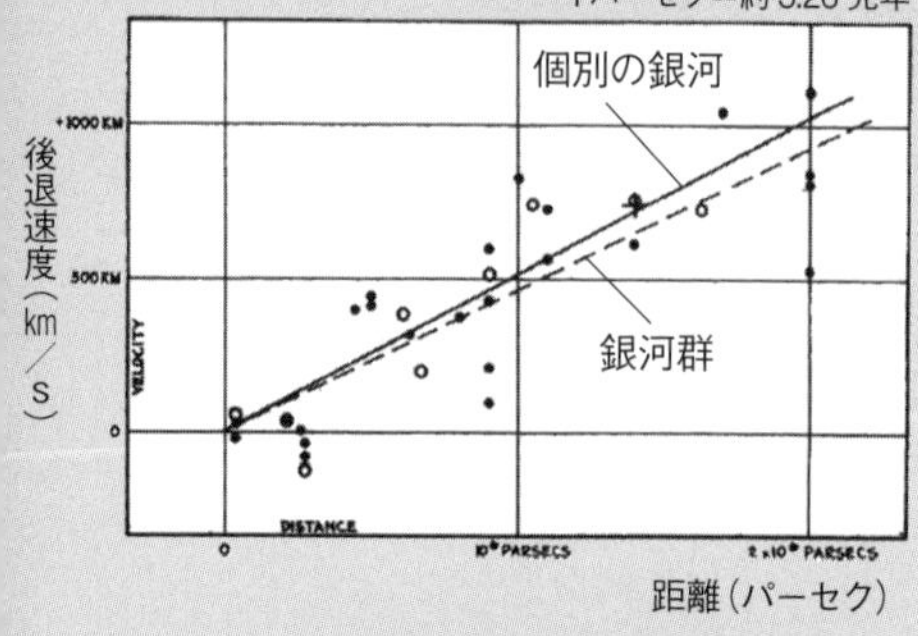

1パーセク＝約3.26光年

個別の銀河

銀河群

後退速度（km／s）

距離（パーセク）

⬆ハッブルが観測した遠い銀河までの距離と赤方偏移の関係。遠いほど赤方偏移が大きく、それはより速く遠ざかっていることを示している。これが宇宙膨張の証拠となった。

出典：Hubble (1929)

ちなみにここで言う赤方偏移とは、光を発している星や銀河などがわれわれから高速で遠ざかると、その光の波長が伸びて赤っぽく見えることを意味する。遠ざかる速度が速いほど波長はより長く、つまりより強く赤方偏移して見える。

いまでは世界の多くの人が、宇宙の膨張やビッグバン宇宙論を知っているか、少なくとも聞いたことがある。だが、そのきっかけをつくったハッブル自身は終生、赤方偏移が宇宙膨張の証拠とする見方に否定的であった。彼はオランダの宇宙論学者**ウィレム・ド・ジッター**に手紙を書き、この問題はどう理解すればよいのかとアドバイスを求めてさえいる。

その後、“20世紀最大の天文学者”と呼ばれるようになるハッブルは1953年に62歳で死去した。本人が妻グレースに残した遺言により、彼がどこに埋葬されたかはいまも不明のままである。

COLUMN

ヘビー級ボクサーの歴史的発見

ビッグバン宇宙論の誕生を導いた最初の発見――それは、学生時代にはすぐれた走り高跳びやバスケットボールの選手であり、またヘビー級ボクサーでもあった**エドウィン・ハッブル**（**図3-6**）の後年の業績である。ハッブルはボクサーとして非常にすぐれており、フランス・チャンピオンと戦っただけでなく、当時の世界チャンピオン、ジャック・ジョンソンとの対戦をもちかけられたほどであった。

だがハッブルはまもなくこうしたスポーツから撤退し、知的活動へと転進した。シカゴ大学で数学と天文学を専攻、後にはイギリスのオクスフォード大学で法学と文学、スペイン語を修めている。

第一次世界大戦では陸軍軍人（少佐）となったが、戦後はもっぱら天文学者としての人生を歩んだ。当時世界最大だった**ヤーキス天文台**（シカゴ郊外）の望遠鏡や、後には新たに世界最大となった**ウィルソン山天文台**（カリフォルニア）の直径２mの反射望遠鏡を用いるようになった。

天文学者として最高の環境を与えられたハッブルは、次々と偉大な業績を残した。われわれの銀河系の外にも多数の銀河（**系外銀河**）が存在することを発見しただけではない。彼は非常に遠方のさまざまな**銀河までの距離を測定**し、その銀河からやってくる**光のスペクトル**（光の波長の成分）を調べた。すると、ほぼすべての銀河の光が「**赤方偏移**」（後述）しており、また遠い銀河の光ほど赤方偏移が大きいことを発見した。

これは後に「**ハッブルの法則**」と呼ばれ、宇宙を理解する上で決定的な役割を果たすことになる（**図3-7**）。この法則をもとに、本文中に登場するベルギーの**ジョルジュ・ルメートル**が、現在のビッグバン宇宙論の最大のヒントとなった“**宇宙の膨張**”を発見したのである。

図3-6 ⬅カリフォルニアのウィルソン山天文台の前に立つエドウィン・ハッブル（右。1931年）。
写真：AIP Niels Bohr Library／矢沢サイエンスオフィス

して生み出されたかについては、量子論や場の理論などによって考えねばならない。

相対性理論が手も足も出ない〝特異点〟

では、宇宙は相対性理論が説明するようにして誕生した、ということで一件落着だろうか？　そうはいかない。

たしかに、非常に小さく超高密度・超高温の原初の宇宙が爆発的に膨張し、さらに膨張しながら進化してきたというところまでは見事に説明できる。だが、ここでうっかり見過ごしてしまいそうな、非常に小さな〝**原初の宇宙**〟とはいったいどんな宇宙なのか？

前述のように、膨張する宇宙を果てしなく過去へさかのぼれば、原初には、いまの広大無辺の宇宙は1個の無限に小さく体積のない〝**点**〟に詰め込まれてしまう。とすれば、その点の**密度は**〝**無限大**〟となってしまう。「無限に小さく（無限小）、無限に高い温度で、無限大の密度をもつもの」——われわれにはそんな状態は空想さえできない。

そして、われわれの日常感覚だけでなく、一般相対性理論もまたここで**急停止**してしまう。というのも、無限大の密度の中では相対性理論自体が破綻するからだ。そのため原初の宇宙であるこの〝点〟は、相対性理論の枠外にある未知の点、すなわち「**特異点（重力特異点）**」と呼ばれることになった（98ページのブラックホールの記事も参照）。

こうして、相対性理論はこの宇宙の誕生直後については何も語ることができないことが明らかとなり、宇宙論学者や理論物理学者たちははたと困って立ち止まった。

だがそのとき、泥沼に転落したかのようなビッグバン宇宙論を救い出すべく〝**白馬の騎士**〟が駆けつけた（**図3-8**）。量子論という騎士である。

白馬の騎士が助けてくれる？

宇宙の〝始まりの始まり〟について、量子論を基礎においた理論（**インフレーション宇宙論**）は、おおむね次のように説明する。

宇宙は点のように小さな状態から、**誕生直後の一瞬**（10のマイナス33秒ほど＝人間には想像もできない短い時間）で一気にとほうもなく引き伸ばされた。これは指数関数的な、すなわちきわめて急激な膨張であり、「インフレーション」と呼ばれている。

この急速膨張のエネルギーを生み出したのは〝**真空**〟

「ビッグバン宇宙」に立ちはだかる壁

図3-8
白馬の騎士はだれ？

⬆困難に直面したビッグバン宇宙論を助けるべくかけつけた量子論は”白馬の騎士”か？　図：十里木トラリ

である。このときの真空とはまったくのからっぽという意味ではない。量子論でいう真空では、粒子がたえず生成したり消えたりしている。真空とはまた、その空間がとり得る**もっとも低いエネルギーの状態**の別名でもある。生まれたばかりの宇宙の〝真空〟は膨大なエネルギーをもった、不安定な状態であったため、すぐに安定な低いエネルギー状態へと変化した。その結果、宇宙は余分となった莫大なエネルギーを放出しながら急激に膨張し、これがビッグバンの〝**火の玉**〟となったというのだ。

　こうして宇宙は**最初の光**（放射）を発し、ついで**最初の物質粒子**を生み出す。後は相対性理論が説明するように、膨張と進化の道筋をたどっていく。

　そこでいままでの説明をつなぎ合わせると、量子論によるインフレーション宇宙論と一般相対性理論によるビッグバン宇宙論は、宇宙の時間的経過に沿ってうまくつながったように見える。

　ただし、1980年代はじめにコーネル大学の**アラン・グース**や東京大学の**佐藤勝彦**らによって最初に提起されたインフレーション宇宙論は、その後めまぐるしい数の**修正バージョン**によって〝上書き〟されてきた。その結果、いまではこの理論は何百もの変形バージョンの存在を許すようになった。さらに、肝心の**インフレーション前の宇宙**がどのようなものだったのかというのもよくわからない。

　そのため近年、この理論は若い宇宙論学者たちの批判にさらされてもいる。なかには現在の宇宙論を否定し、宇宙は無限の過去から存在したとする古い仮説をもち出す者も現れている。

　さらに、量子論に重力をもち込むと破綻するが、宇宙が非常に小さかった時代に重力を無視した量子論のみで宇宙誕生を説明するのも無理があるように思われる。

　一般相対性理論が説明する宇宙進化の部分は少しもぐらついてはいない。だが、その前に立ちはだかっている**特異点の壁**が量子論という白馬の騎士によってとび越えられたかどうかは、いまだ不透明のようなのである。■

相対性理論はなぜ〝特異点〟に近づけないのか

ブラックホールが量子力学を欲している？

ブラックホールを予言した相対性理論

だれでもその名を知っている「**ブラックホール**」（**図3-10**）。いまでは宇宙のあちこちでそれと見られる天体が発見されている。われわれの想像力を超えたこの天体は、そもそも現在の**重力理論である一般相対性理論**がその存在を予言したものだ。

それは、太陽の数倍以上の質量をもつ巨大な星が、その一生の最後にとほうもない大爆発（**超新星爆発**。**図3-9**）を起こした後に出現する。

この大爆発で星の外側の物質が宇宙空間に吹き飛ぶ。同時に、後に残された内側の物質のすべてが自らの重力

図3-9 ⬆ペルセウス座の巨大な星が一生の最後に大爆発を起こして超新星となった後の姿。すでに爆発から長い年月が経過している。写真：X-ray: NASA/CXC/RIKEN/D.Takei et al; Optical: NASA/STScI; Radio: NRAO/VLA

相対性理論は“特異点”に近づけない

図3-10 ⬅ブラックホールは外部から物質や光を無限に吸い込み、いったん吸い込まれたものは二度と外には出られない。

図：ESO, ESA/Hubble, M. Kornmesser

に引き寄せられ、星の中心に落ち込んでいく。超新星爆発からとり残された物質の収縮は「**重力崩壊**」とか「爆縮」と呼ばれる。こうして生まれた小さな、しかし超々高密度の天体がブラックホールである。

ブラックホールは自らの巨大な重力によって**時空を極端にゆがめている**ため、ブラックホール内部の情報は永遠に外に出ることができず、またひとたび外からブラックホールに吸い込まれた物体や光は二度と外に出ることができない。ブラックホールの内側と外側を隔てるこの境界は「**事象の地平線**（地平面とも）」と呼ばれる。

はるか遠くから観測すると、光を出さないブラックホールは文字通り何もない真っ黒な穴のように見える。ブラックホールの名もそこに由来する（ただし近年では「光さえ外に出られない」という部分を否定し、完全にブラックではないとする著名な物理学者もいる。102ページ**コラム**参照）。

これは計算上の話だが、仮に太陽がブラックホールになると、その大きさ（事象の地平線の直径）は3000m、また地球の場合はわずか18㎜となる。

いま見てきたのはブラックホールがなぜ生まれるのか、その理由と過程だけだ。ではこのあまりにも不可解な天体の内部はどうなっているのか？

ブラックホールの中の〝特異点〟とは？

いまから50年ほど前の1965年、イギリス、オクスフォード大学教授の、いまでは世界でもっとも高名な理論物理学者のひとりである**ロジャー・ペンローズ**（100ページ**図3-11右**）が、相対性理論の予言するブラックホールをくわしく検討した（ちなみに本稿の筆者＝矢沢は1990年代、ペンローズ教授と夫人を講演のため日本に招いた。講演会場は国立京都国際会館。教授はワープロやパソコンを使用しないので、来日までのやりとりはすべて〝手書きの手紙〟で行った）。

ペンローズがこのとき相対性理論から導いた答えによ

図3-11 ➡オクスフォード大学の２人の理論物理学者、スティーブン・ホーキング（左）とロジャー・ペンローズ。写真：左·NASA、右·矢沢サイエンスオフィス/Heinz Horeis

図3-12 リング状の特異点

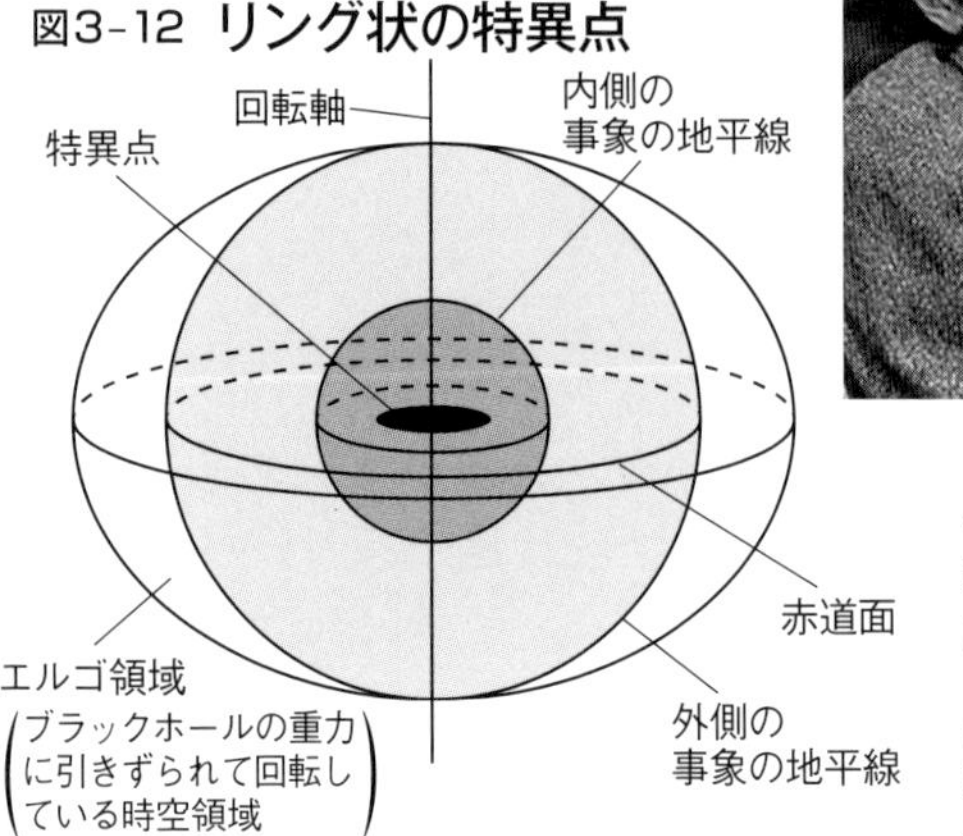

⬆回転するブラックホール（イメージ）では、密度無限大の特異点はリング状になり、また２つの事象の地平線が生じている。

ると、巨大な星がブラックホールになるときには、重力崩壊による物質の落下はとどまることがなく、最終的にそれはブラックホールの中心に〝**特異点**〟と呼ばれる点のような大きさの天体になるというものだった（**図3－13**）。

体積が0（ゼロ）の特異点には重力崩壊した全物質――太陽の何倍もの質量――が押し込められるため、**密度は〝無限大〟**となり、そのまわりのごく狭い時空は、人間の想像力をはるかに超えた超巨大な重力に支配される。

さらに、この特異点は猛スピードで回転（自転）している。もとになった星が自転していたため、その運動エネルギー（角運動量）がそのまま保存されているためだ。この回転のために特異点は赤道方向にふくらみ、回転が速いほどふくらみは大きくなって、円盤状ないしリング状の特異点が出現すると考える物理学者もいる（**図3－12**）。

その後、ペンローズと長年の友人である〝車椅子の物理学者〟**スティーブン・ホーキング**（**図3－11左**）は協力して、さらなる予測を行った。そして彼らは、星の質量と自転速度、それに電気的性質の3つさえわかれば、一般相対性理論によって、それがブラックホールになり得るか否かがわかるとする見方を発表した。

「量子重力理論」への長い坂道

だが、莫大な物質が一点に凝縮した特異点は、もはや一般相対性理論では扱えない。そもそも〝特異〟とは一

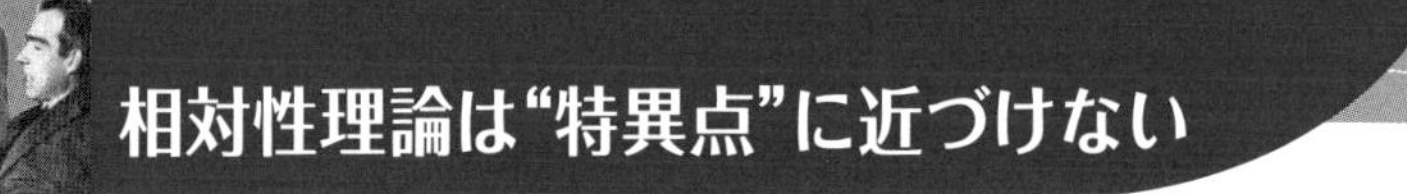

相対性理論は“特異点”に近づけない

図3-13 ブラックホールと特異点

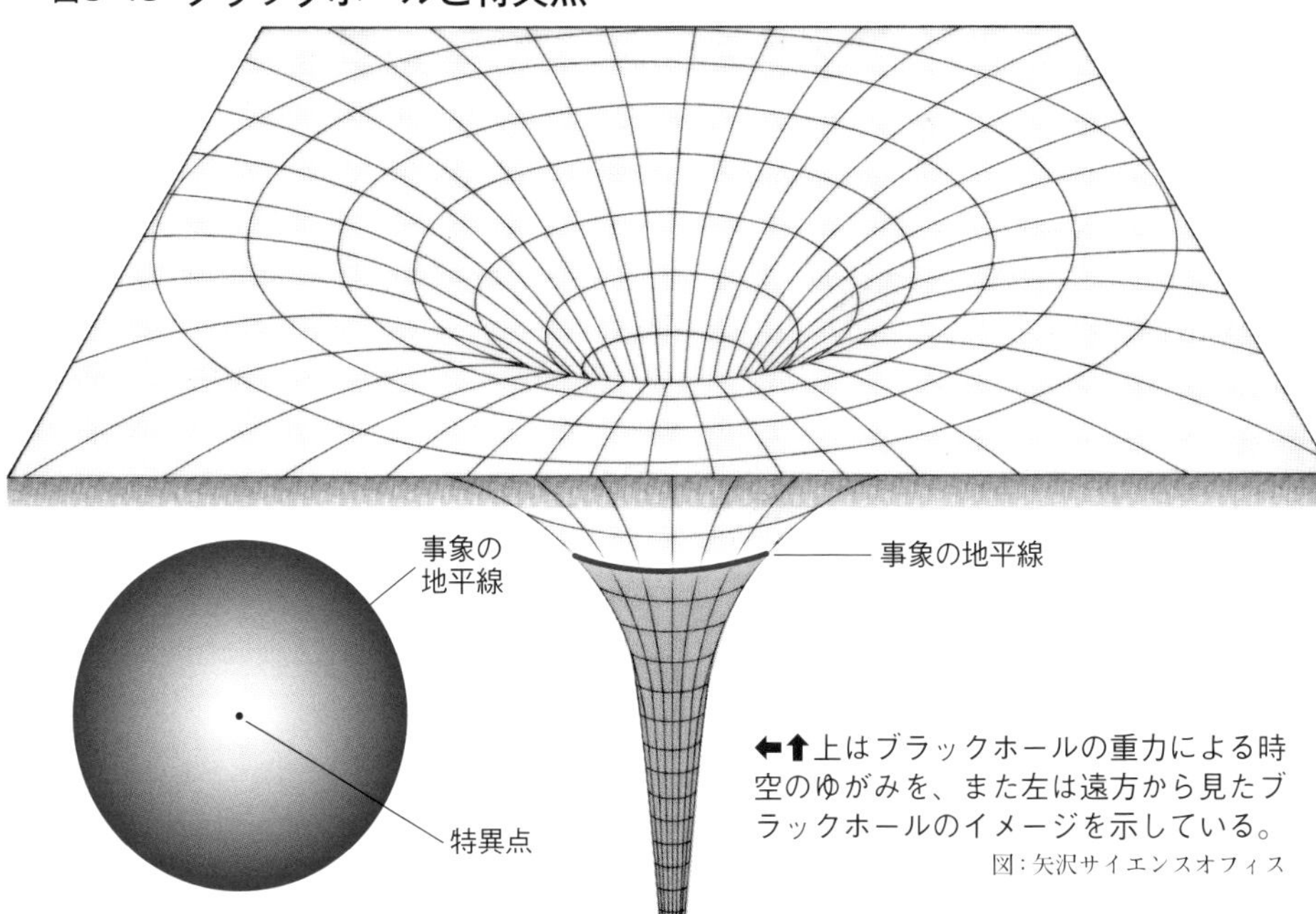

⬅⬆上はブラックホールの重力による時空のゆがみを、また左は遠方から見たブラックホールのイメージを示している。

図：矢沢サイエンスオフィス

般相対性理論の枠の外にあるという意味だ。この特異点の存在を予言したペンローズも、特異点ではもはや4次元時空は維持されない、つまり「**相対性理論は破綻する**」としていた。相対性理論の生みの親アインシュタインもそこまでは考えていなかったはずである。

そこで、ここからは**量子力学の助け**を借りたくなる。ブラックホールの中心部のようなミクロの世界を理解するには量子力学が不可欠となるからだ。だが、これほど強大な重力をもつ空間を量子力学的に扱うことはきわめて難しい。量子力学は基本的に重力を考慮に入れておらず、そのためこの理論は、重力がこれよりはるかに弱い世界、つまりブラックホールの外側でしか成立しない。

特異点を量子力学で扱うには、重力を〝**場の量子**〟として考えなくてはならない（重力の〝量子化〟）。これは一般に「**量子重力理論**」と呼ばれ、さまざまな試みが行われている。だがどれもいまのところ完成にはほど遠い。

ともあれ、曲がりなりにも量子力学的に見ようとすると、今度はブラックホールの中心で特異点が生まれるかどうかもよくわからなくなる。ミクロの世界ではすべてがあやふやに見え、粒子も時間や空間も〝**不確定**〟とな

COLUMN

ブラックホールは蒸発し消滅する?

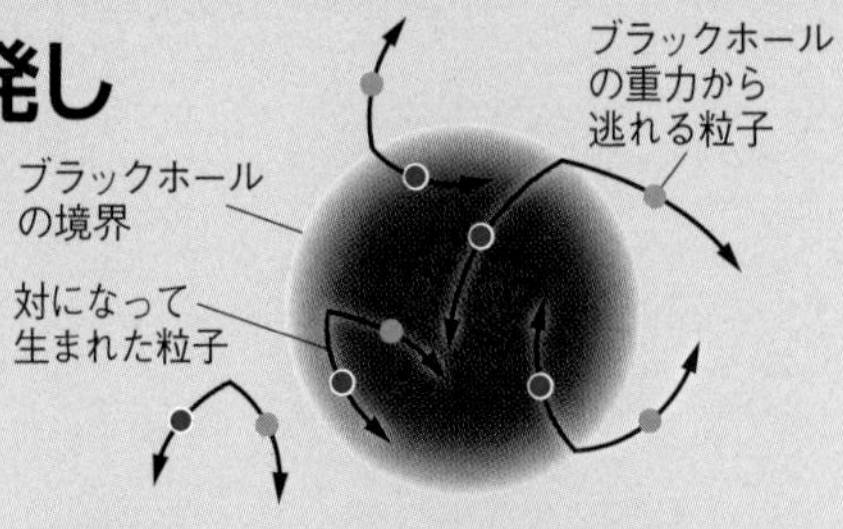

外部から物質を吸い込むだけで外部に何も放出しないブラックホールは、いちど誕生すると永遠にブラックホールとして存在しつづけるように思える。だが本文中に登場する**スティーブン・ホーキング**はかつて、回転するブラックホールは、**量子力学的効果**によって空間がゆらいで粒子が生まれたり消えたりしているため、ブラックホールの境界付近ではこの粒子（電子など）が外部に逃げる（**ホーキング放射**）だろうと予言した。そして、外部から吸収するより放出する物質が上回るブラックホールの場合、その質量はしだいに減っていき、ついにはブラックホールそのものがこの宇宙から“**蒸発**”して消えてしまうというのだ。

とはいえ、ホーキング放射の量はきわめて小さいので、完全蒸発までに何百億年もかかるかもしれない。

ブラックホールの重力から逃れる粒子
ブラックホールの境界
対になって生まれた粒子

図3-14 ⬆ブラックホールの境界では、粒子が外に逃げ出すことがある。

るからだ。

またある量子重力理論の候補では、物質が体積のない一点へと凝縮するということはない――つまり特異点は原理的に生じないとしている。ブラックホールの中心部に落ちていく物質は凝縮するにつれてとほうもない高温となり、最終的には強大な圧力ではね返って大爆発を起こすからだというのである。

もっとも、仮に大爆発が起こっても、ブラックホールの外からその様子を観測することはできないかもしれない。一般相対性理論によれば、ブラックホールの内部では巨大な重力によってほとんど**時間が進まない**ためだ。

物理学者たちはいま、量子重力理論の候補となるさまざまな仮説・理論を前に、頭をひねり続けている。**ループ量子重力理論**、**超重力理論**、**超ひも理論**、**M理論**（120ページ参照）などだ。どれもおそろしく難解かつ奇怪な理論である。

ブラックホールの特異点を理解しようとする物理学者たちの道のりは、まだ先が相当に長そうに見える。しかしこの道程は同時に、**一般相対性理論と量子力学の〝統一〟**を目指す、物理学史上もっとも高い山の頂きにむかう道、究極の理論に至るかもしれない道でもある。■

大宇宙でもハダカは禁止
ブラックホールの特異点と禁じられた〝裸の特異点〟

〝宇宙検閲〟はイチジクの葉？

何十年にもわたって議論されてきた疑問がある。それは、ブラックホールの内部に生み出される密度が無限大の「特異点」（前項参照）が、ブラックホールの外側、つまり事象の地平線の**外から丸見えの裸の状態**でも存在し得るかという問題である。

これは〝**裸の特異点**〟と呼ばれ、1970年頃からその存在が議論されてきた。もし特異点がブラックホールの外側にも存在するなら、それがもつとほうもなく強大な重力の世界を量子論によって（＝重力の量子化によって）理解できるかもしれない。

またその特異点は、物理学者たちが長年追い求めていまだ求め得ない**「量子重力」のナマの見本**となるかもしれない。それはさらに、アインシュタインの〝**一般相対性理論の崩壊**〟**のナマの現場**かもしれない。

そもそもブラックホールの中心に特異点が

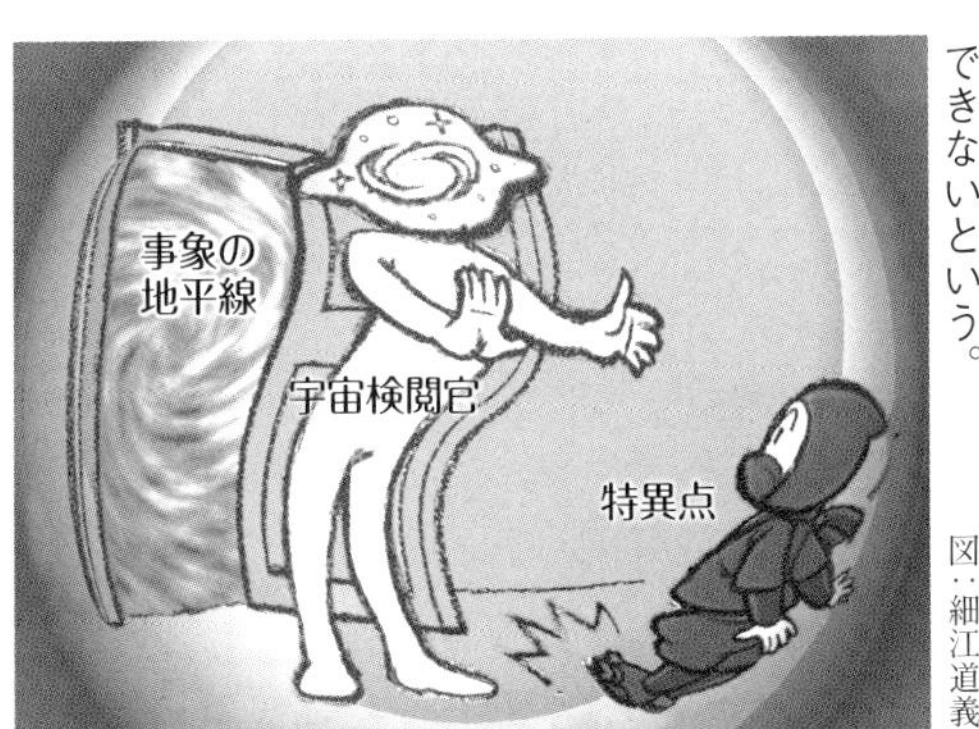

図3-15 ⬅ペンローズによれば、〝宇宙検閲官〟が存在するため、ブラックホール外の〝裸の特異点〟は存在できないという。
図：細江道義

存在することを予言したのは、前記イギリスの物理学者**ロジャー・ペンローズ**である。そのペンローズはこれに関して1969年に、新たに「**裸の特異点は存在しない**」とする見方を提出した。なぜなら、宇宙では〝**宇宙検閲**〟と呼ぶべき理論的な制約により、ブラックホールの中心以外での**特異点の生成が〝禁止〟されている**からというのだ（**図3-15**）。

　宇宙検閲を言い換えると、一般相対性理論が定めるところではどんな特異点もブラックホールの表面（事象の地平線）によっておおい隠されるので、特異点が宇宙にむきだしになる、つまり裸の特異点になることはないというものだ（**図3-16**）。こんな問題児をすっぽりとおおい隠してくれる事象の地平線は物理学者たちにはありがたい存在である。そこで、アダムとイブが陰部をかくした例の葉っぱを借用して少々エロチックに、都合の悪いものは何でも隠してくれる事象の地平線は〝**イチジクの葉**〟と呼ばれることもある。

図3-16　裸の特異点

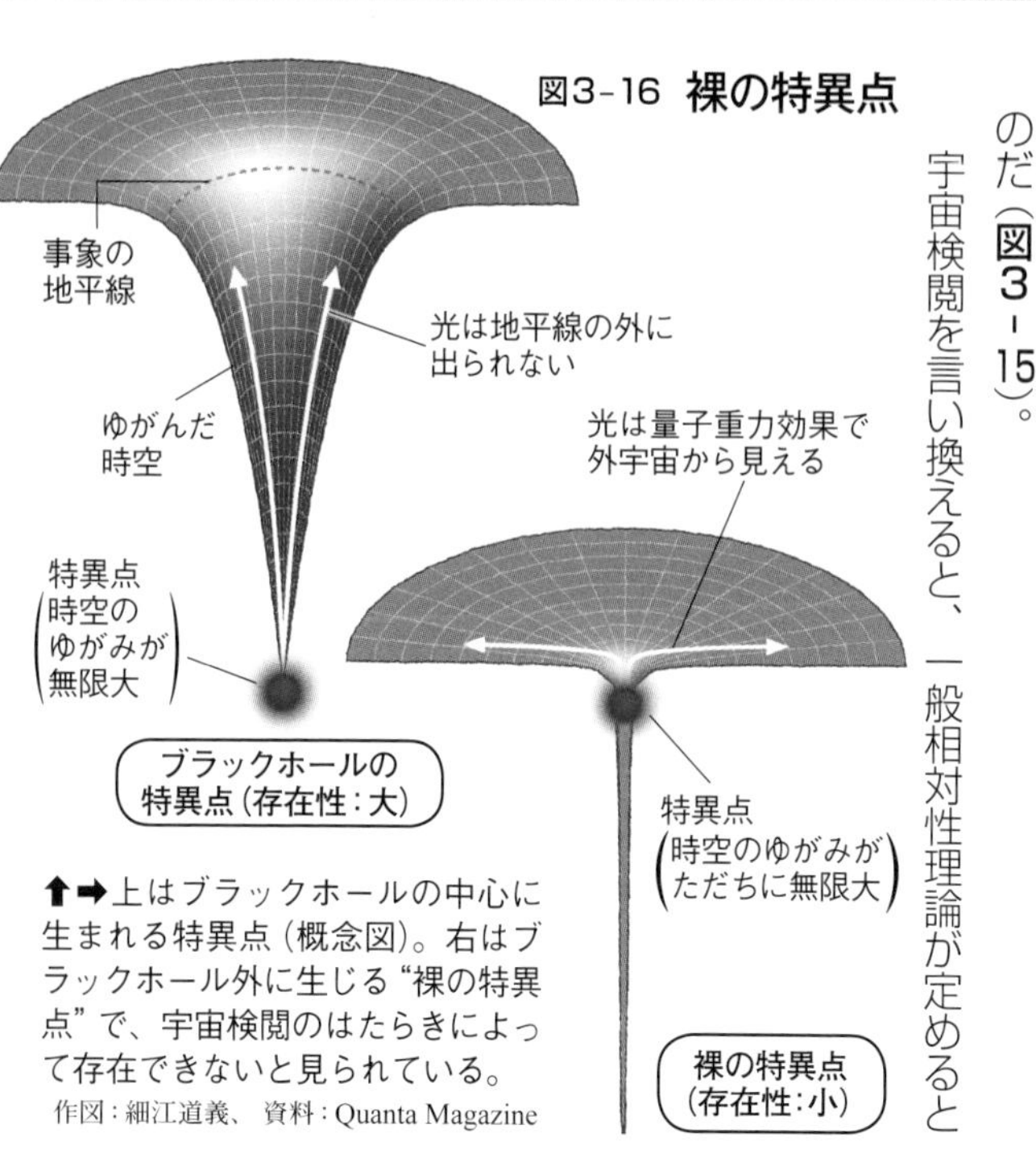

⬆➡上はブラックホールの中心に生まれる特異点（概念図）。右はブラックホール外に生じる“裸の特異点”で、宇宙検閲のはたらきによって存在できないと見られている。
作図：細江道義、資料：Quanta Magazine

裸の特異点がブラックホールに変わる?

　ところがその後、特異点がつねに事象の地平線によって隠されるかどうかは疑わしいという見方が出されるようになった。裸の特異点は存在するかもしれないというのである。一般相対性理論によれば、星が超新星爆発を起こした直後に重力崩壊を起こし、そこに特異点が誕生することに疑いはないが、このとき必ず事象の地平線がつくられるとは限らないというのだ。

　だがさらに別の見方もある。前の記事で述べたように、現在の物理学にはいまだ不備があり、重力の正体を十分に理解できていないため、実際には特異点そのものが生

禁じられた“裸の特異点”

図3-17 ⬆巨大な星（左）とブラックホールが互いのまわりを公転している。星の物質はブラックホールに吸い込まれており、いずれこの星は完全にブラックホールにのみ込まれると予想される。　イラスト：NASA／JPL-Caltech

じないかもしれないというのだ。

　これとは別の理由から裸の特異点が存在しないという見方もある。ブラジル物理学研究所のマルク・カザルスらによると、仮に〝**悪魔的な間違いによって**〟裸の特異点が出現したとしても、それは時空には存在できない。なぜなら、特異点の説明に量子論を用いている場合、その〝量子の場〟はあっというまに裸の特異点を相対性理論的な**ブラックホールに変えてしまう**からだという。

　もしそうなら、ロジャー・ペンローズの提出した宇宙検閲仮説は、いまも正しいということになる。

　われわれには、物理学者たちのこうした数学的研究や議論が何を意味し、どこにむかうのかは理解の外である。だがもし裸の、すなわち**むきだしの特異点**が本当に存在するなら、それは外部の宇宙にさまざまな影響を及ぼすことにもなる。

　まず裸の特異点を研究することで、相対性理論と量子論との統一（量子重力理論）への道が開けるかもしれない。またサイエンス・フィクション的アイディアとして、いつの日かわれわれは**宇宙船に乗って裸の特異点の近くに旅し**、そこからめずらしい土産を手にして地球に戻ってくるストーリーを考えても許されることになる。■

巨大な粒子加速器が勝敗を決める

素粒子を真に説明するのは量子力学か相対性理論か？

5

超高速の粒子の時間が延びた

ひとつの小都市がすっぽり入るほど巨大な**粒子加速器**は、**相対性理論**と**量子論**、それにさまざまな**素粒子理論**の壮大な実験場である。

粒子加速器は、電子や陽子などの粒子をとてつもないスピードに加速する装置だ。現在、世界でもっとも強力な加速器は、スイスのジュネーブ近郊の地下につくられた**CERN**（**セルン**：**ヨーロッパ原子核研究機構**）の「**LHC**」で、その円周は27㎞と東京の山手線に近い。

粒子加速器はその内部で、粒子どうし、あるいは粒子と物質を正面衝突させ、そのとき粒子がどのようにとび散るか（衝突反応）を調べる（図3－18）。ここではもちろん相対性理論がきわめて重要になる。粒子のスピードが光速に近づくためだ。

しかし、電場の力でどれほど粒子を加速しても、どんなに電場を強力にして加速エネルギーを増やしても、**粒子は加速器内の真空の中で光速を超えることはできない**。これも相対性理論の正しさを裏付ける現象だ。

また加速器内で粒子が衝突すると、その衝撃でとてつもないエネルギーが生じ、同時にいくつもの新しい粒子が生まれる。これは**エネルギーと質量が交換される**過程であり、やはり相対性理論が顔をのぞかせる。

都合のよいことに、衝突のエネルギーで生まれる粒

素粒子を説明するのは量子力学か相対性理論か

図3-18 ↑加速器内では粒子が光速に近づくため、特殊相対性理論により時間が延びる。写真はスイスとフランスの国境にある粒子加速器LHC（大型ハドロン衝突加速器）の検出器ATLAS。　写真：Maximilien Brice/CERN

子の大部分は寿命がごく短い。分単位のものもあるが、1万分の1秒に満たないものも少なくない。そこで、粒子の寿命が本来（理論上の寿命）よりどのくらい延びるかを測定すれば、**特殊相対性理論の検証**になる。ここで言う測定とは、粒子の飛距離がどれだけ長くなったかを調べることだ。

たとえば、わずか100億分の3秒というきわめて短寿命の粒子〝ラムダ〟★1が光速の80％で進むと、単純計算では飛距離は6㎝である。だが実際に加速器で測定したところ、その飛距離は約10㎝であった。これは相対性理論が予言する時間の遅れと一致している。

アインシュタインの夢

加速器の中で生まれる**粒子はどれもきわめて微小なので、そのふるまいは量子力学に従う**。だがこれらの粒子のふるまいは、**アインシュタインの夢**、すなわち**重力と電磁気力の統一**に近づくための手がかりでもある。

自然界には4つの力（**力＝相互作用**）が存在する。このうち重力と電磁気力はわれわれが身近に感じている力

★1 **ラムダ（Λ）粒子**　1947年にイギリスのG・ロチェスターらが宇宙線から発見した粒子で、3個のクォークからなる。粒子が2個に分裂するときに検出器に残す飛跡が逆V字型に見えるため、当初「V粒子」と名付けられたが、後にギリシア文字の「Λ」をとって「Λ粒子」と改名された。

表3-1 素粒子の標準理論

作成：矢沢サイエンスオフィス

●物質を構成する粒子

	第1世代	第2世代	第3世代
レプトン 物質を構成する基本粒子。強い力は作用しない。	**電子** e 質量は電荷をもつ粒子中でもっとも小さい。	**ミューオン** μ 宇宙線の中から発見。荷電レプトン。	**タウ** τ 電子－陽電子衝突実験で発見。もっとも重い荷電レプトン。
	電子ニュートリノ νe ニュートリノは電荷0（電気的に中性）の非常に軽い粒子。電子ニュートリノは電子と対をなす。	**ミューニュートリノ** $\nu\mu$ ミューオンと対をなす（陽子や中性子と衝突するとミューオンが放出される）。	**タウニュートリノ** $\nu\tau$ もっとも重いニュートリノ。タウ粒子と対をなす。
クォーク 物質をつくる基本粒子のうち強い力が作用するもの。陽子、中性子、中間子などのハドロンを構成。	**アップ** u もっとも軽いクォーク。陽子と中性子をつくる。	**チャーム** c 1971年丹生潔が発見、74年アメリカのグループが実験で実証。	**トップ** 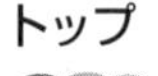 t 質量が他のクォークと比べてはるかに重い（陽子の180倍）。
	ダウン d 2番目に軽いクォーク。陽子と中性子をつくる。	**ストレンジ** s K中間子（ストレンジクォークを含む）発見。アップ、ダウンとともに加速器で生成。	**ボトム** b 陽子の4倍の重さ。小林誠と益川敏英によりトップとともに提唱された。

●力を伝える粒子（ゲージ粒子）

強い相互作用	電磁相互作用	弱い相互作用	重力相互作用
グルーオン g クォークどうしを結びつける粒子。質量0。	**フォトン**（光子） γ 光の粒子。宇宙を無限に進むことができる。質量0。	**Wボソン** W^+ W^- **Zボソン** Z 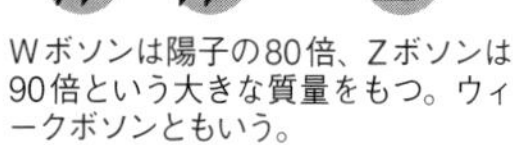 Wボソンは陽子の80倍、Zボソンは90倍という大きな質量をもつ。ウィークボソンともいう。	**グラビトン**（重力子） G  質量は0。未発見（標準理論には含まれない）。

●粒子に質量を与える粒子

ヒッグス
H 2012年発見。

だが、残りの**「弱い力」**と**「強い力」**はいずれも**原子の内部でしか見られない**力で、非常に短い距離しか届かない。弱い力は原子の放射性崩壊を引き起こす力、そして強い力は原子核の内部でクォークどうしを結びつける力である。

　アインシュタインは、電力と磁力がひとつの力（電磁気力）の2つの顔であるように、重力や電磁気力もひとつの力の別の顔だと考えた。さらに彼は、**「宇宙（自然）はただ1組の法則によって支配されている」**とする**〝統一的な世界観〟**をもっていた。

　自然法則に普遍性を求めるこうした見方はニュートンのそれとも同じである。これは、現在のほとんどの理論物理学者に共通してもいる。彼らにとって自然界の法則性を示す方程式は単純であるほど美しく、したがって正しい。無意味に複雑な方程式を用いる理論はつじつま合わせの結果だと見られてしまう。

　相対性理論が示すように、重力と加速度が同じものであり、エネルギーと粒子が互いに入れ換わることは、アインシュタインにとって、世

界を統一的に理解できる予兆であった。

統一の夢は量子論でかなえられるか？

いまでは多くの物理学者が、**4つの力はもともとひとつの力から枝分かれした**と考えている。つまり、宇宙創成時のような非常に高いエネルギー領域では4つの力はどれも見分けがつかなくなるというのである。これが事実かどうかは、粒子加速器による実験で検証することができる。加速器で超高エネルギー状態をつくり出して、力の性質を調べる手法である。

ここで言う〝力〟は、量子論（場の量子論。84ページ記事参照）では粒子を意味する。**粒子が交換されたり、あるいは吸収・放出されたりすること（＝粒子が媒介する）によって、力はここからあそこに到達する**という見方だ。そこでは、弱い力や強い力も、それぞれ〝専用の粒子〟によって媒介されることになる。

電磁気力や弱い力、それに強い力についての場の量子論は、いずれも加速器実験によってその正しさが実証された。このうち電磁気力と弱い力についてはすでに1970年代に、**ワインバーグ＝サラム理論**[★2]によって統一がなされていた。これを成し遂げた**スティーブン・ワインバーグとアブドゥス・サラム**は1979年にノーベル物理学賞を受賞している。

しかし、3番目の強い力を他の2つの力、すなわち電磁気力および弱い力と統一する理論（**大統一理論**）は、候補とされる理論がいくつもあるものの、いまだ未完成であり検証されてもいない。そして4番目の重力を他の3つの力と統一する最後にして最大の大仕事となると、これまでの場の量子論では手も足も出そうにない。

場の量子論を主役として構築された「**素粒子の標準理論**」（**表3－1**）は、2012年にこの図の中の最後に残った**ヒッグス粒子**[★3]が発見され（即刻ノーベル賞）、おおむね検証された。だがいまだこの標準理論で説明できないことも少なくない。これらは、**量子論と一般相対性理論が扱う重力を統一**できたときにはじめて、全容が見えてくると期待されている。■

★2　ワインバーグ＝サラム理論　電磁気力と弱い力を統一する理論（電弱統一理論）。シェルドン・グラショウが初期のアイデアを提出し、ワインバーグとサラムがこれを発展させた。電磁力と弱い力は高エネルギー状態では電弱力というひとつの力だが、エネルギーが低くなると電弱力の場の対称性が破れ、電磁気力と弱い力をそれぞれ媒介する粒子が生まれるという。

★3　ヒッグス粒子　ピーター・ヒッグスらが提唱した物質に質量を与える粒子。素粒子の標準モデルには理論上は質量をもたないのに現実には質量をもつ粒子が存在する（Wボソンなど）。これは真空中にはヒッグス粒子が満ちており、それが本来は質量のない粒子の進行を妨げて見かけ上の質量を与えるためだという。

寄り道コラム

なぜ相対性理論や量子論は〝直感的に〟理解できないのか？

〝理論の入れもの〟と人体のサイズ

おかしな書き出しになるが、この記事のタイトル、「なぜこれらの理論は直感的に理解できないのか?」を逆さまにして、「なぜこれらの理論は〝直感的にしか〟理解できないのか?」に変えてこの話を始めたい。その理由は次の2つである。

第1の理由は単純である。それは、これらの理論が扱おうとしている対象のサイズだ。われわれは生物として誕生してからこれまで、己の体の大きさを基準にしたものしか経験していない。身長は1・5〜2mほど、体重は40〜120kg（まれに200kg?）、周辺の事物は、動物であれ建築物であれ、山の高さや国土の面積であれ、すべてメートルやキログラムで表示される。地球の直径も月や太陽までの距離も同様だ。これらは古典的なニュートン理論でまったき説明が可能だ。

その意味でニュートンはいまも正しく、**人間はニュートン的サイズの中で生きてきた**ので、それ以外の世界を感じとる能力を進化・発達させてはこなかった。

ところが、相対性理論や量子論が対象としているものは、この人間中心サイズからはかけ離れている。相対性理論は、宇宙的尺度の中で光の速度や巨大な天体の重力が問題になる現象を扱うので、人間の日常生活とはほぼ無縁の理論である。

他方の量子論が扱うミクロの世界もまた、われわれの五感とは縁がない。現在のテクノロジーは量子力学に負うところが大きいとはいえ、量子現象を利用しているだけで、その理論のおかげで生きているとはだれも感じない。われわれが核融合（太陽）や核分裂（原子力）によるエネルギーに依存して生きているのは例外事象である。

われわれの日常感覚では何も感じることのないこうした非人間サイズを扱う法則や理論を理解できないのは真人間（まにんげん）の証拠である。オレは心底理解しているなどと公言する者がいたなら、いくらか虚言癖の持ち主かもしれない。

天才的数学者と科学理論は無関係?

第2の理由は純粋に学問的なものだ。

現在の物理学の理論はすべからく、（アインシュタインの時代よりさらに徹

なぜ“直感的に”理解できないのか？

底して）数学を用いて組み立てられる。そこでの数学は記号だらけで、わざわざ物理数学とか数理物理学とかの何やら別物のような名で呼ばれる。

となると、ふつうの数学を相当に勉強した人でも、相対性理論や量子力学のような理論は容易には理解できないことになる。これらをツールとしてつくられたビッグバン理論やインフレーション理論などの宇宙理論も同様だ。

では、こうした特殊な数学の素養がなければこれらの理論は理解の外なのか？ そんなことはない。本書の読者のように想像力や洞察力や抽象化力に恵まれている人なら、むしろ直感的に、あるいはイメージ的に理論の予言を脳内に描き出すことは難しくない。重力が時空をゆがませ、高速で運動すれば時間が遅れるなど何のこともない。3次元世界では4次元を想像できないなどということはない。世界に拡散する核兵器をみれば、$E=mc^2$の具現化は地球上の処々方々でじっと目を覚ますときを待っている。

量子力学が予言する並行宇宙や多世界宇宙もそのあたりに転がっている。どれもSFの世界ではお馴染みである。イギリスの大数学者**ロジャー・ペンローズ**にかかると、人間の脳内の意識さえも量子的現象だという。

これらはみな、だれもが身につけている直感的理解力の証左である。奇妙な**数学的手法はそれを後づけるための手続き**でしかない。そうした手続きはもっぱら、並みの数学者とは一線を画す特異な能力によって物理学に貢献した人々――ポール・ディラックやアラン・チューリングやジョン・ナッシュやグレゴリー・ペレルマン等々――に任せておけばよい。

この種の数学的天才たちは、ある命題とその解法が数学的に辻褄が合うかどうかにしか関心がなく、それが自然界や宇宙を支配するルール、つまり物理学の理論とどう関係しているかなどには興味がない。実際、**ジョン・ナッシュ**がノーベル賞受賞と聞いて喜んだ理由は、晩年になってついにこの賞金で貧困から抜け出せると思ったからで、数学的貢献が認められたからではなかった。

若いころ数学がさして得意でなかったアインシュタインがある天才的数学者にむかってこう言った。

「あなたのエレガントな数学には感嘆します。そのようにして（数学という）馬に乗って大地を駆け抜けたらさぞ快感でしょう。でも私のような者は2本の足で苦労して歩いて行かねばならないのです」

20世紀を代表する大理論を生み出したのは、天才と狂気を併せもった数学者ではなく、際立った直感力と洞察力をもち、穴のあいた靴下とちびたサンダルをはいてキャンパスを歩き回り、ボサボサ頭で毎日10時間眠っていたアインシュタインだったのである。■

7

「量子もつれ」のパラドックス

相対論を無視して超光速で伝わる〝量子テレポーテーション〟

物理学は超光速を全身全霊で否定する？

この宇宙には光速より速いものは存在しない――これは相対性理論の絶対的な前提である。仮にこの前提が崩れれば、**光速をものさし**として組み立てられた**相対性理論の成立があやうくなる**。

超光速があり得ると、奇妙な現象がいくつも生じてくる。たとえば**過去にむかうタイムトラベル**が可能になる。超光速で時空をとび去る宇宙船のような物体を別の観測者が見ると、現在から過去へむかっているように見えるからだ。もっともこれは〝別の観測者が見た場合〟の話だから、いわゆるタイムトラベルとはちょっと異なってはいる。

「因果律」も逆転する可能性がある。有名な小説『鏡の国のアリス』では、白の女王が金切り声をあげ、ついで指から血が噴き出し、その後でようやく曲がったピンで指を刺す話が出てくる。このように、物事には原因があってはじめて結果が生じるという関係（＝因果関係）がひっくり返る現象が〝因果律の逆転〟であり、現実にはあり得ない。ところが、**超光速で通信できれば、未来から過去への情報送信が可能になり、因果律が破られる**。これでは物理学的に都合が悪いため、相対性理論もその

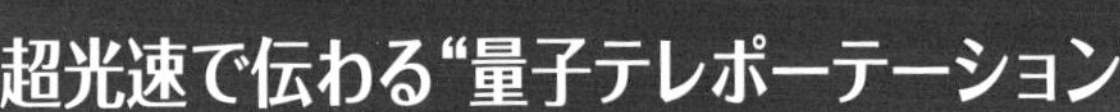
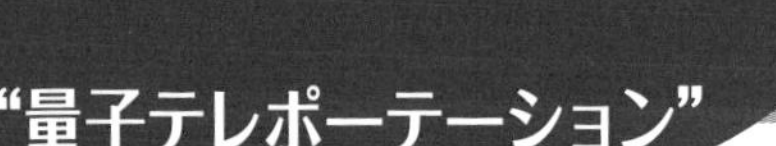
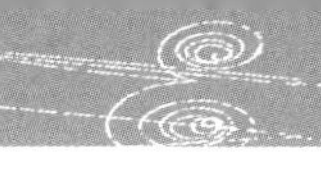

超光速で伝わる"量子テレポーテーション"

他の物理学も、超光速を完全に否定する。

　ところが量子論には、光速などという制約は存在しない。量子の世界では物事がしばしば一気に変化する。たとえば、電子は観測するまではどこにいるか確率的にしかわからない。それだけでなく、実験から推測されるかぎり、**電子はたしかに、存在が許されるあらゆる場所に同時に存在する**ように思える（69ページ参照）。1個の粒子としてではなく、霞か雲のように漠として広がっているかのようなのだ（**図3－19**）。

　ところがこの電子は、人間や装置が観測すると、その瞬間に極微の粒子以外の何物でもなくなる。ここにもあそこにもいたはずなのに、**次の瞬間にはある一点に〝収束する〟**のである。〝あそこ〟にあった粒子はどうやって〝ここ〟に移動したのか？　これは粒子が別の場所に存在していた過去を消されたようにも、別の場所から瞬間移動したようにも見える。

図3-19

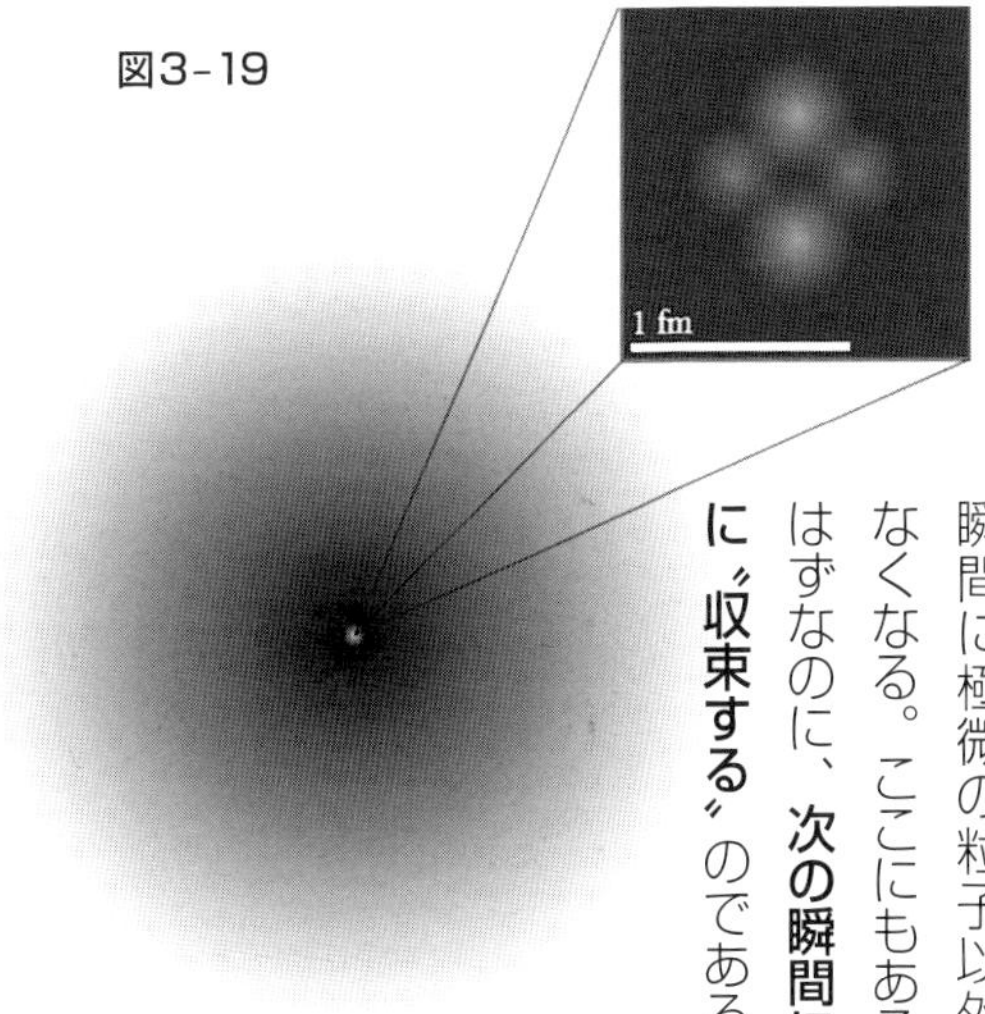

1 fm

⬆ヘリウムの原子核（右上の図）のまわりに"電子の雲"がぼうっと広がっている。

写真：Yzmo

　情報もまた瞬時に伝わる。2個の粒子が相互に関係しているとき、片方の粒子を観察すると、自動的にもう一方の粒子の状態も決まる。もしこの1組の粒子をそれぞれ東京と大阪のように遠方に引き離しても、やはり片方の粒子を観測したとたん他方の粒子の状態が決定する。500kmの距離がないものとして扱われるのだ。たとえ両者がわれわれの銀河系とアンドロメダ銀河ほどに離れていたとしても同じである（もっとも粒子を物理的にここまで引き離す手段はさしあたり存在しないが）。それはまるで〝テレポーテーション〟である。

　このような2個の粒子がもつ結びつきは「**量子もつれ**（クァンタム・エンタングルメント）」と呼ばれる。

引き離されても〝からみ合う〟1対の粒子

　かつて**アインシュタイン**は他の研究者とともに**EPRパラドックス**を提出し、この問題のナンセンスさを指摘した（78ページ記事参照）。そして量子力学の多くの研究者たちも、理論的には瞬間的な情報伝達はあり得ても、現実にその事象を観察する方法はないので、実現は困難だと考えていた。

　ところが近年、瞬時の情報伝達、いわゆる〝**量子テレポーテーション**〟が実際に起こり得ることが明らかになってきた。たとえばレーザー光によって量子もつれを起こす光子1対を発生させ、うち1個のみに情報を与える。すると他方の光子もその情報を得るというのだ。

　これは微小な粒子レベルだけでなく、いわゆるマクロ（人間などある程度の大きさをもつもの）の実験でも成功している。たとえばウィーン大学量子科学研究センター教授の**アントン・ツァイリンガー**らの実験では、量子もつれを起こしたレーザー光を2本に分割し、一方のレーザー光にのみネコの絵のシルエットを通過させた。すると他方のレーザー光は、まったく切り抜きには接触していないにもかかわらず同じネコのシルエットを浮かび上がらせた！（図3-20）**ひとつの光子の情報が量子もつれの相手である別の光子に伝わった**のだ。

図3-20 ⬅レーザー光を分岐し、片方の光のみネコの絵に当てた後に光を映像化する。すると絵に当たっていないレーザー光もネコの絵を映し出した。これはレーザー光が分岐前に量子論的に“からみ合っていた”ためと考えられる（ウイーン大学の実験）。
写真：Patricia Enigl, IQOQI

　このような量子テレポーションはさまざまな技術への応用が考えられている。

　たとえば**量子暗号通信**では、暗号送信時にだれかがその情報を盗み見ると、とたんに暗号の状態が変化する。そのため、だれかが情報を盗んでも簡単に露見する。ただし量子の信号はしだいに減弱するため、送信が困難になっていく。そこで、量子暗号を送る際に中継手段として量子テレポーテーションを使用し、遠方までの情報伝達を行うシステムが考案されている。**量子コンピュータ**も量子テレポーテーションの原理を用いれば演算が容易になるとされ、すでに開発が進んでいる。

　他方、量子テレポーテーションの基礎となる量子もつれという奇妙な現象は、未完成の「**量子重力理論**」を構築するカギになるとの見方もある（125ページ参照）。これは量子論の不可思議さの象徴ともなり得る。相対性理論を裏切る存在が、もしかすると、**一般相対性理論と量子力学の統一**を導き出してくれるかもしれないのだ。■

エピローグ
相対性理論と量子論は“統一”できるか？

図：矢沢サイエンスオフィス

2つの大理論をひとつにするグレートチャレンジ

不完全×不完全＝完全？

なぜ〝究極の理論〟が不可欠か？

科学が最終的に目指しているもの——それは、この自然界、この宇宙を支配しているただひとつの〝**究極の理論**〟を見いだすことである。

本書ではここまで、物理学理論の発展を、ニュートン力学、相対性理論、量子力学と大きく分けて見てきた。

ニュートン力学は、われわれが日常生活で見たり感じたりできる世界を見事に説明する。**相対性理論**は、人間の目には見えない宇宙の本質的な性質を明らかにしてくれる。そして**量子力学**は、やはりわれわれの目には見えないミクロの世界の奇妙なふるまいを解き明かしてくれる。

だがこれらの理論は、互いに融合したひとつの究極理

図1 ➡ジャングルの中で1頭のトラが"量子振動"を起こすと、あたり一面がたちまち無数のトラで埋め尽くされる！
図：十里木トラリ

図2 相対論と量子論の“統一の山”

写真：AIP、図：矢沢サイエンスオフィス

論になってはいない。それぞれの理論の見方が基本的に間違っていないことは、これまでの観測・実験や応用で明らかになってはいる。相対性理論は宇宙的スケールの出来事や現象は見事に説明できるが、ミクロの世界を扱うことは不得意である。他方、量子力学はこれと正反対に、ミクロの世界は見事に扱うが、大きな自然界や宇宙を説明することは苦手だ。

サイエンス・フィクションなら、何でも拡大解釈したり敷衍（ふえん）したり、奇妙な世界を思うがままに描き出すことが許される。たとえば量子力学現象をジャングルにもち込んで、1頭のトラがはげしく〝**量子振動**〟し、あたり一面を無数のトラが埋めてしまうことなど朝飯前だ——ある作品でその様子が描かれている（**図1**）。

だが現実の物理学理論としては、一般相対性理論と量子力学をひとつに〝統一〟することはまったくできていない。それぞれの理論の自然界の見方のどこかに**重大な問題**や**不完全性**があるからにほかならない。このままでは、究極の理論に到達することはできない。

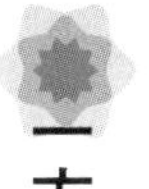

一方だけではこの宇宙は説明できない

たとえば、宇宙がどのように誕生し、どんな歴史を

たどっていまのようになったかを説明する「**ビッグバン宇宙論」は、一般相対性理論を基礎にしてつくられている。**相対性理論は、宇宙の姿についておおむねよく説明しているだけでなく、ブラックホールのような奇妙な天体、重力レンズ効果（59ページ参照）などについても正確に予言した。つい最近では、アインシュタインが自ら予言していた「重力波」がみごとにキャッチされてもいる（62ページ参照）。

ところが**この理論には重大な問題がある。**それは、ミクロの世界についての理論である**量子論**をその内部に組み込むことがまったくできないのだ。

量子論では、たとえば電磁気力を伝えるのは光子（フォトン）と呼ばれる量子である。とすれば、相対性理論が扱う重力も、なんらかの粒子によって伝えられるはずである。実際、アインシュタインはこの粒子の存在を予言し、それはいま仮に〝**重力子（グラビトン）**〟と呼ばれている。

しかしこの粒子が実在するとなると、量子論的には問題が生じる。それは、重力子が伝わるときには、距離が短くなるほど〝**量子的ゆらぎ**〟（この場合は粒子の生成・消滅のこと）の効果が急速に増大し、**相対性理論が破綻**[★1]してしまう。両者はまったく重ならないのだ。

現在の宇宙論であるビッグバン理論は、宇宙は〝無〟から突如として誕生したとしている。この宇宙は誕生直後に、豆粒ほどの大きさからただちに**「インフレーション」と呼ばれるきわめて急速な膨張**を起こし、その後現在に至るまで膨張を続けているというのだ。

この宇宙論は、大枠では相対性理論を基礎にすえているものの、**誕生直後**に物質が生み出される過程では、量子論的な見方が不可欠となっている。つまりいまの宇宙論は、相対性理論と量子論という2つの理論を〝縦に〟結合させることで成り立っていることになる。

ところが相対性理論と量子論とは互いに相容れない理論であるため、この宇宙が最初のうちは量子論に従って生まれ、その後相対性理論の予言に従っていまのような姿になったかのように説明されている。読者が、「あな

★1　量子化した場では粒子（光子や重力子など）がたえず生成・消滅する。そのエネルギーをすべて足すと無限大になるが、これは現実にはありえない。そこで、朝永振一郎、リチャード・ファインマン、ジュリアン・シュウィンガーはそれぞれ独自に「くりこみ」という手法を考案した。これは、場で生じるひとつの無限の効果から別の無限の効果を差し引いたときの答えを観測結果（たとえば電子の質量）になるように設定するもの。このある種の〝ごまかし的操作〟（くりこみ）を使えば、物質の他の性質は計算で導けるようになる。だが重力場にはくりこみは通用しない。

COLUMN

“頭の中が数学だけ”の男

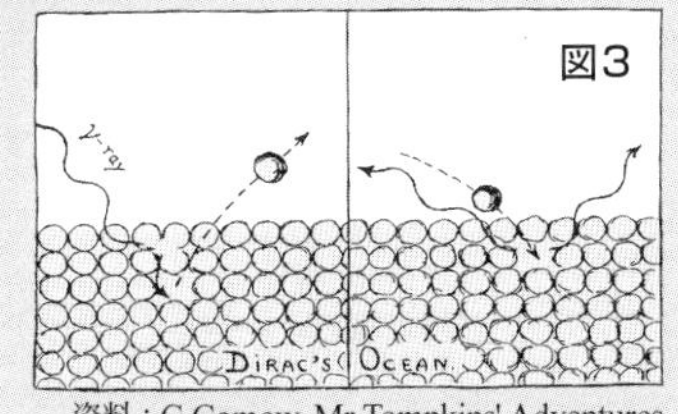

資料：G.Gamow, Mr Tompkins' Adventures

　時間は伸び縮みする――特殊相対性理論はこう予言する。しかし1926年にシュレーディンガーが波動方程式を発表したとき、彼はその方程式に、当時すでに広く知られていた特殊相対論を組み込むことができなかった。他の多くの物理学者も成功しなかった――イギリスの**ポール・ディラック**（86ページ写真）が登場するまでは。

　ディラックは“頭が数学でいっぱい”の無口な男で、一般的な常識や感性に欠けていた。ドストエフスキーの『罪と罰』を読んだ感想は、「1日に太陽が2回昇るという誤った記述があった」でしかなかった。

　そのディラックはこの課題に、おおざっぱな値から少しずつ近づける手法（＝摂動）で取り組み、すぐに特殊相対論を組み込む**波動方程式（ディラック方程式）**を生み出した。

　シンプルで美しい彼の方程式にはしかし問題があった。不都合にも、電子が負（マイナス）のエネルギーをもつことになるのだ。

　そこでディラックは、「真空は負のエネルギーをもつ電子でつねに満たされている」と考えた。“**ディラックの電子の海**”だ（**図3**）。すでに真空は電子で満たされているため、電子は、容易に負のエネルギーには落ち込まない。

　だが電子がエネルギーを得て“海”から飛び出すと、そこには穴（空孔）があき、その穴はプラスの電気的性質（電荷）をもつ電子のようにふるまう。そしてこの穴に別の電子が落ち込むと大きなエネルギーが発生し、同時に穴はもとのようにふさがれる――つまりディラックは、粒子には反対の電荷をもつ“**反粒子**”が存在すると予言したことになる（彼は当初、これは反粒子ではなく陽子だと考えていた）。

　この理論はだれが見ても奇怪だったが、まもなく宇宙から地球に降り注ぐ放射線の中から反粒子が発見された。頭が数学だけの男は結果的に正しかったのだ。

たは**生まれたときは本当はキノコの菌糸だったが、途中で急に人間として育ち始めた**」と言われたら気分がいいだろうか（筆者はそう言われても気にしないが）。これは、2つの理論の**一方または両方に不完全性**があるからだ。

　そこで近年、世界の物理学者たちは、量子論と相対性理論を無理なくひとつの理論――**究極の理論、万能の理論**などと呼ばれる――に統一しようとしている。次項で見る「超ひも理論（超弦理論）」や「M理論」は、そうした未来的な理論へのチャレンジである。■

〝究極の理論〟を目指す3つの奇妙な候補

読者の存命中に完成するか?

さて、いよいよ本書の〝エピローグのエピローグ〟へと進まねばならない。それは、これまで見てきた**相対性理論と量子論の〝合体〟の試み**についてである。ちなみに物理学では、2つ以上の理論を矛盾なく合体・融合させることを〝統一する(to unify)〟と呼ぶ。

以下にごく簡潔に紹介する統一の試みは3つある。第1は「**ループ量子論**」、第2は「**超ひも(超弦)理論**」、そして第3が「**M理論**」である。

どれも一般社会ではだれも聞いたことのない奇妙な名前をもつこれらの中のいずれが、大自然と宇宙を説明する真の〝究極の理論〟または〝万物の理論〟へと発展する可能性をもっているのか?

1 ループ量子論

スターリンに〝粛清〟された青年物理学者

1938年2月18日、ソ連(現ロシア)の30歳の青年物理学者が、68万人以上を殺戮(さつりく)した共産主義独裁者**スターリンの〝大粛清〟**の嵐の中で、ろくな裁判もなく処刑された。その青年**マトヴェイ・ブロンスタイン**(図4)はおそらく、一般相対性理論を量子論によって理解するに

図4 ⬆30歳で“粛清”されたブロンスタイン。
写真:russcience.euro.ru

は「**空間も"量子化"すべきだ**」と主張した世界最初の物理学者であった（ここではスターリンがなぜこの天才的な理論物理学者を粛清の対象にしたかには触れない）。

一般相対性理論の空間（時空）を量子化する場合、その量子の大きさは「**プランク長さ**」★2となる。これは**ブラックホールに吸い込まれずにすむ粒子の大きさ**で、10のマイナス32乗cm、つまり1兆×1兆×1億分の1mmというとてつもなく小さい、人間がまったく感じ取ることのできない長さだ。ブロンスタインは逮捕・処刑される少し前の29歳のときにこの研究を発表していた。

ブロンスタインの研究は西側世界にも紹介されたが、彼の理論についてすぐれた研究を行ったフランスのジャック・ソロモンもまた非業の死を遂げた。第二次世界大戦中のドイツ占領軍に抵抗するレジスタンス運動に加わっていたソロモンは1942年に逮捕され、秘密裏に処刑されたのである。

図5 ループ量子重力（イメージ）

⬆宇宙は"量子の糸"が網の目のように互いに交差している。それぞれの糸は周辺空間の大きさと形についての量子情報をもっている。　図：十里木トラリ

だれも理解できない"空間の量子化"とは？

こうして、ブロンスタインの忘れ形見である空間の量子化は後継者を失い、長らく物理学史の片隅に置き去りにされていた。1960年代になり、**ブラックホールの名付け親**であるアメリカの**ジョン・ウィーラー**らが空間

★2 プランク長さ
古典的な重力理論（＝一般相対性理論）では扱えなくなる時空の大きさで、10のマイナス32乗cm。光子がプランク長さを移動するために必要な時間10のマイナス43乗秒は「プランク時間」と呼ばれ、ビッグバン理論はプランク時間より前の宇宙の状態については語ることができない。

★3 超対称性粒子
素粒子はその性質のひとつスピンによってフェルミ粒子とボース粒子に大別される（81ページ★6）。それぞれの素粒子について、スピンが異なりそれ以外の性質が似通う"パートナー粒子"を超対称性粒子と呼ぶ。いずれも非常に重いとみられ、現在は未発見。

の量子化についての方程式をつくったが、当初その意味を理解できる人間はどこにもいなかった。そして1980年代後半、ようやくこの理論はふたたび光を当てられるようになる。

ウィーラーらの方程式では、**空間を量子化した粒子**はすなわち**重力の粒子**でもある。この粒子はそれぞれ隣の量子とつながりをもっており、細かく**立体的な網**を形成している。ただしこの立体的な網は量子の特質としてつねに〝**ゆらいで**〟いるという。

空間の中の1個の粒子から出発して網をたどり、もとの粒子に戻ってくると、〝**ループ（輪）**〟が描かれる（121ページ**図5**）。このループの最小の大きさは決まっており、その大きさがすなわち**空間の量子**の大きさを規定している。このことから、空間の量子化によって量子論と一般相対性理論を統一する理論は「**ループ量子重力理論**（ループ量子論）」と呼ばれている。

ループ量子論の方程式に時間は現れない。そこではすべての事象がからみ合い、刻々と変化する様子が描かれる。そしてこの変化こそが時間を示しているという。これは、**変化こそが時間**であると述べた**ライプニッツ**（22ページ参照）や古代ギリシアの**アリストテレス**の見方に似ている。ループ量子論が示す時空の幾何学的な構造は、ふわふわに盛り上がる**石けんの泡**に似ている。

量子重力理論として現在、最有力とされるのは、次項の「**超ひも（超弦）理論**」である。だが、ループ量子論は既存の理論や事実のみから引き出されており、超ひも理論のように、「**超対称性粒子**」[★3]などの未発見の仮想的粒子を必要としない。そのため、実証困難な前提をよしとしない物理学者にとって非常に魅力的な存在となっている。

2 超ひも理論（超弦理論）

素粒子は〝振動するひも〟？

20世紀のほぼ全体を通じて、あらゆる物質をつくっている**根源的な粒子**は〝**素粒子（基本粒子）**〟と呼ばれてきた。素粒子とは、**それ以上分割できない粒子**（電子やニュートリノなどのレプトン、クォークなど）を意味する。だが物理学者たちはまだ、これらの素粒子によって宇宙の姿を十分に説明することができていない（108ページ表3-1）。

ところが1970年代以降、それまでだれも思いもよらなかった新しい仮説・理論が登場した。それは、この世界の根源的物質は点状の素粒子ではなく、実際は〝**振動するひも（弦、ストリング）**〟のさまざまな姿だとする見方だった。2008年にノーベル物理学賞を受賞した**南部陽一郎**もこの理論のパイオニアのひとりであった。

こうして生まれた新理論によると、すべての素粒子および素粒子どうしの間にはたらく力（＝相互作用）は、**太さがなく長さだけの1次元のひも**が振動したり回転したり、または相互作用することによって生まれるという（**図6**）。

そのひもの大きさは、人間が考え得るかぎりもっとも短い長さ、すなわち前出の**プランク長さ**である。これはどんな計測器でも測定できない大きさ、というか小ささである。そして、このひも（**超ひも、超弦、スーパーストリング**などと呼ばれる）が**ゆるやかに振動**すると質量の小さな素粒子として、また**細かく振動**すると大きな素粒子として観測されるというのである。

素粒子の世界をこのように理解する超ひも理論によって宇宙の姿を考えると、それはわれわれの想像をはるかに超えたものになる。それが予言するところでは、宇宙はわれわれが考えるような3次元空間や4次元時空（3次元空間＋時間の1次元）ではなく〝**10次元**〟であり、4次元以外の**余分の6次元**は小さく折りたたまれていてわれわれには感じられないというのだ。

もっぱら数学を用いて説明されるこの種の理論は、**一般人にはまったく意味不明**である。だが少なくとも一部

図6 ひもの振動と回転

⬇超ひも理論は、宇宙の根源物質はミクロのひもの振動だとしている。このひもの振動のしかたが変わると、質量の大きさなどが異なるさまざまな素粒子として観測される。

図：高美恵子

の物理学者の目には、ひも（弦）の振動を基本粒子と考えるなら、そこから最大の課題である〝**重力の量子化**〟がぼんやりと展望できるのかもしれない。それゆえ超ひも理論はしばしば、**究極の理論の最有力候補**とされているのである。

3 M理論

11次元の〝超ひも〟が見せる多様な顔

1980年代になると、いま見た超ひも理論から新たな進展ないし混乱が生じた。それは、①この理論からは少しずつ異なる**5つの理論**（**10次元の世界。図7上**）が導かれること、だが②その中の**どれが正しいかわからない**ことであった。

1995年になると、プリンストン大学の**エドワード・ウィッテン**（**図7下**）が、超ひも理論の抱えるこの問題を一気に解決する手法を発表した。それによると、超ひも理論から派生する5つの理論はどれもひもではなく、11次元の膜（メンブレン。追加された1次元は時間）が生み出すさまざまな顔だというものだった。

こうして超ひも理論はウィッテンの**膜理論**と合体し、新たに「**M理論**」となった。Mが何を意味するのかはだれも知らない。マジックかミステリーか、またはメンブレンの頭文字ではないかとも言われる。ウィッテン自身は、この理論の正体がはっきりしたときに頭文字の意味もおのずとわかるはずだ、ととぼけている。

M理論にはさしあたり実験的証拠はない。科学者たちは、スイスのジュネーブ近郊の地下にある**世界最大最強の粒子加速器**を使って、われわれ人間がまったく感じとることのできない4次元以外の余分な次元（余剰次元）を見いだそうとしている。これが可能になれば、M理論は大きく前進し、相対性理論と量子論の統一への道筋が見えてくるかもしれない。■

図7 超ひも理論の時空

⬆超ひも理論が予言する10次元の奇妙な空間（イメージ）。⬅超ひも理論から膜理論を導いたエドワード・ウィッテン。図：Lunch、写真：Ojan

COLUMN

「量子もつれ」が話をもつれさせる?

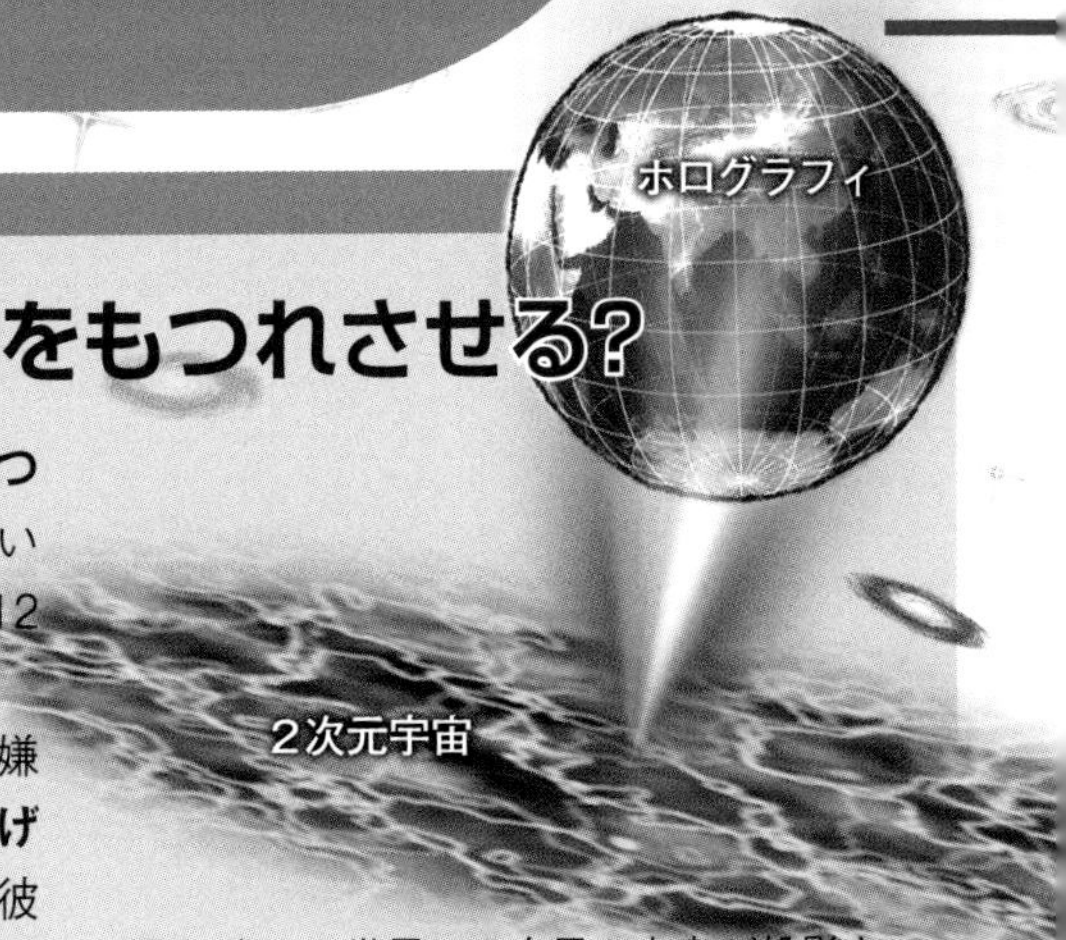

図8 ⬆この世界は2次元の宇宙が投影されたホログラムにすぎない?
作図:細江道義、資料:Vienna Univ. of Technology

最近のメディアでまれに「**量子もつれ**」という言葉を目にする。いったい量子がどうもつれるというのか?(112ページ参照)

これは量子力学のおかしな解釈を嫌った**アインシュタイン**をして“**怪しげな遠隔作用**”と言わしめた現象だ。彼は怪しげと言うときにアメリカ俗語の“スプーキー”という軽蔑語まで使った。だがいまになって見ると、ここにこそアインシュタイン自身の生前の夢、すなわち**重力と電磁気力の統一**の可能性が秘められているかもしれない。

量子もつれとは、2個の粒子が深くかかわりあうことだ。もつれている2個の粒子のうちの片方が観測されると、その瞬間もう一方の粒子の状態が変化する――どうにも理解しがたい現象である。量子もつれがどのくらい存在するかは「**エントロピー**(“乱雑さ”)」で示すことができる。

近年、この奇妙な現象が実は重力を生み出すとする見方が現れた。それは「**ホログラフィ原理**」という理論を基礎にしている。これは、重力を含む3次元空間を**超ひも(超弦)理論**によって解釈すると、なぜか重力を含まない2次元の面とみなせるとする理論である(**図8**、120ページ記事参照)。平明に言うなら、**重力はホログラフィ(立体映像)で、幻想にすぎない**ということになる。

ホログラフィ原理は**スティーブン・ホーキング**らのブラックホール理論をヒントにしている。彼の理論によれば、ブラックホールに物質が落ち込むときには物質の情報が失われ、代わりにエントロピーすなわち乱雑さの度合いが増大する。同時にブラックホールの表面積も増える。つまり**ブラックホールのエントロピーは表面積に比例する**というのだ。

京都大学教授**高柳匡**(ただし)らは、ブラックホールのエントロピーがその表面積に比例するように、**量子もつれの強さが時空の面積を反映する**ことを証明した。そして、**ひとつの量子もつれが時空の最小単位(=時空の量子)**であることを示唆した。これは、重力理論は無数の量子についての理論とみなせることを示している。これによって重力も電磁気力など他の力と同じように扱えるかもしれないのだ。

この真新しい見方には難解な理論がいくつも積み重ねられている。将来、この量子もつれから何がとび出してくるのだろうか?

●あとがきに代えて

アインシュタインとボーアの論争

「確率解釈」をめぐる楽しくない衝突

ショックを受けない者は理解していない

本書の78ページで、アインシュタインとニールス・ボーアによる非常に有名な、しかしあまり楽しくない議論に触れた。量子論の「確率解釈」をめぐるものだ。ボーアの本拠地コペンハーゲン（デンマーク）で行われたので「コペンハーゲン解釈」とも呼ぶ。

この出来事は物理学の歴史を扱った本には頻繁にとり上げられている。アインシュタインは決して確率解釈を認めなかったが、結論的には確率解釈は実験でも確かめられたことになっている。

アインシュタインがこの議論を苦々しく思っていたらしいことは、記録に残る彼の言質やボーアと並んで写っている写真にも現れている。彼はボーアの顔を見ようとせず、一方ボーアは懸命にアインシュタインを説得しようとしているように見える（総トビラおよび81ページの写真）。

ボーアは「量子論にショックを受けない者はこの理論を理解していないからだ」とまで断言した。とすると、彼や同じ主張をしたヴェルナー・ハイゼンベルク（第二次大戦中には不成功に終わったナチスドイツの原爆開発のリーダーとなった）らは、確率解釈がすなわち量子論の最終回答だと考えていたことになる。では彼らと同じ時代、あるいはそれ以後現在に至る時代の著名な物理学者たちは、この問題をどう見ていたのか。

アインシュタインは別の機会に驚くばかりの皮肉を込めてこう述べている――「ハイゼンベルクとボーアの〝慰めの哲学〟は、その信者に休息用の柔らかな枕を提供してくれる」。さらに「物理学は完全な因果律の概念を拡張・洗練させねばならない」とも記しており、この学問は決定論に終始しなくてはならないと考えていたことがわかる。1955年に息を引き取る瞬間までである。

他方、ハイゼンベルクの主張は正反対で、「自然現象は厳密な法則に従うという考え、すなわち因果律を放棄することがもっとも重要だ」とまで言い切った。

率直な物理学者たちの言葉はしばしば抜き身の日本刀のように冷たい。X線回折現象の発見でノーベル賞を受

⬆垂直に立って回転するコインの表面は表であり同時に裏でもある。回転が止まって倒れたときにはじめて表か裏かが決定される。両者の確率は50%。 図：高美惠子

賞したマックス・フォン・ラウエの皮肉表現では、「(確率解釈という)あの高尚な悲観主義、人を屈服させようとする熱意は、あの時代にすべてを陰鬱にした深い文化的悲観主義の表明でしかない」ということになる。

そして、量子力学の構築者のひとりであるシュレーディンガーは己の貢献までを後悔した――「私は量子力学は嫌いであり、あれに関わったことが残念だ」と言ったのだ。

いまの学生は抽象的な量子力学に洗脳されている

近年の物理学者たちの見方はどうか。

量子力学の中で重要な役割を占める「ベルの定理」で知られるジョン・ベルによれば、「量子力学は自身の内部に自滅的な〝ばい菌〟を抱えている」という。自分の貢献した世界が自己破滅すると予言したのだから病根は深い。

やはりノーベル賞を受賞した高名なアメリカのリチャード・ファインマンの言い草はこうだ――「さしさわりなく言うなら量子力学はだれも理解できないのさ」

もう2人ほど追加しよう。ひとりは筆者が日本に招いたことのあるオクスフォード大学の数学者ロジャー・ペンローズ。彼は、「ボーアとアインシュタインの有名な論争では一般にボーアが勝ったように思われているが、私はアインシュタインの側にいる。彼の哲学はより健全であり、私はそのような立場、つまり量子のレベルにも(確率ではない)物理的実在があるとする立場を選ぶ」

最後は、ペンローズと同様、かつてインタビューをして活字にもしたドイツの数学者・理論物理学者デトレフ・デューアー。彼はこう言った。

「いまの物理学の学生は抽象的な量子力学によって一種の洗脳を受けている。しかしわれわれが知りたいのは、この世界が実際にはどのように機能しているかだ」

余談だが、筆者のような仕事をしていると、量子力学の確率解釈を扱うたびに〝シュレーディンガーのネコ〟なるイラストを描いて掲載することになる(本書では75ページ)。だが思考実験でネコを死なせるという思いつきは忌むべきものだ。スティーブン・ホーキングも「あのネコの話を聞くと、私は自分の銃に手をのばしてしまう」と言っている。そこでここでは、動物を殺したりしないよりわかりやすいアイディアを絵にして掲載する(右ページ図)。これでもまったく同じ説明が可能である。

著名な物理学者たちの意見を一望した後で、最後に本書の書き手のひとりとしての見方を付け加えたい。それは、量子力学の確率解釈は、そのレベルでは妥当であるとしても、決して終着駅ではないというものだ。そのさらにむこうに白か黒かを決められる決定論的ルールが隠れているに違いない。そうでないとしたら、科学理論は崖から転落しても這い上がってはこれない。いま眼前にある壁――それは、人間の感性や知性や数学的手法だけで終着駅にたどり着けるか否かである。■

◉執筆

新海裕美子 *Yumiko Shinkai*
東北大学大学院理学研究科修了。1990年より矢沢サイエンスオフィス・スタッフ。科学の全分野とりわけ医学関連の調査・執筆・翻訳のほか各記事の科学的誤謬をチェック。共著に『人類が火星に移住する日』、『ヒッグス粒子と素粒子の世界』、『ノーベル賞の科学』(全4巻)、『薬は体に何をするか』『宇宙はどのように誕生・進化したのか』(技術評論社)、『始まりの科学』、『次元とはなにか』(ソフトバンククリエイティブ)、『この一冊でiPS細胞が全部わかる』(青春出版社)、『正しく知る放射能』、『よくわかる再生可能エネルギー』(学研)、『図解 科学の理論と定理と法則』、『図解 数学の世界』、『人体のふしぎ』(ワン・パブリッシング)など。

矢沢 潔 *Kiyoshi Yazawa*
科学雑誌編集長などを経て1982年より科学情報グループ矢沢サイエンスオフィス(㈱矢沢事務所)代表。内外の科学者、科学ジャーナリスト、編集者などをネットワーク化し30数年にわたり自然科学、エネルギー、科学哲学、経済学、医学(人間と動物)などに関する情報執筆活動を続ける。本書に登場するオクスフォード大学の理論物理学者ロジャー・ペンローズ、アポロ計画時のNASA長官トーマス・ペイン、宇宙大規模構造の発見者ハーバード大学のマーガレット・ゲラー、SF作家ロバート・フォワードなどを講演のため日本に招聘したり、「テラフォーミング研究会」を主宰して「テラフォーミングレポート」を発行したことも。編著書100冊あまり。近著に『図解 経済学の世界』(ワン・パブリッシング)がある。

カバーデザイン◉**StudioBlade**(鈴木規之)
本文DTP作成◉**Crazy Arrows**(曽根早苗)
イラスト・図版◉細江道義、高美恵子、十里木トラリ、矢沢サイエンスオフィス

くらべてみると面白いほどよくわかる!
【図解】相対性理論と量子論

2018年3月6日 第1刷発行
2021年8月2日 第7刷発行

編 著 者◉矢沢サイエンスオフィス
発 行 人◉松井謙介
編 集 人◉長崎 有
企画編集◉早川聡子

発 行 所◉株式会社 ワン・パブリッシング
〒110-0005 東京都台東区上野3-24-6

印刷・製本所◉大日本印刷株式会社

[この本に関する各種お問い合わせ先]
・本の内容については、下記サイトのお問い合わせフォームよりお願いします。
https://one-publishing.co.jp/contact/
・不良品(落丁、乱丁)については Tel 0570-092555
業務センター 〒354-0045 埼玉県入間郡三芳町上富279-1

・在庫・注文については書店専用受注センター Tel 0570-000346

★本書は『図解 相対性理論と量子論』(2018年・学研プラス刊)を再刊行したものです。